D1722091

reinhardt

Dr. Hans-Peter Schär

Von Salz und Seide zur Biotechnologie

Schweizerhall und die Basler Chemie

Friedrich Reinhardt Verlag

© 2003 by Dr. Hans-Peter Schär, Basel
Gestaltung und Produktion: Messmer & Partner, Basel
Druck: Reinhardt Druck Basel
ISBN 3-7245-1274-0

Inhaltsverzeichnis

Vorwort

Die Geschichte von Schweizerhall ist ein wichtiges Stück Industriegeschichte Basels. Als ich vor ein paar Jahren damit begann, Dokumente, Hinweise und Informationen über die Unternehmensgeschichte von Schweizerhall zu sammeln und zu ordnen – zunächst aus purer Neugierde, später dann mit der Idee, damit mal etwas zu machen –, war für mich das Faszinierendste, plötzlich zu sehen, wie eng die historischen Wurzeln von Schweizerhall mit denjenigen der übrigen chemischen und pharmazeutischen Industrien Basels verknüpft, ja verwoben sind.

Am Anfang war das Salz. Ohne diesen für den Menschen elementar wichtigen Stoff, um den in Europa während Jahrhunderten gekämpft und gestritten wurde, hätte sich in Basel nie eine – wie sich später zeigen sollte – derart nachhaltig erfolgreiche Industrie etablieren können.

Doch wie immer in der Geschichte ist es dem Pioniergeist und dem Wagemut von einigen wenigen zu verdanken, dass sich Basel heute ein Weltzentrum der chemisch-pharmazeutischen Industrie nennen darf. Am Beginn dieser faszinierenden Industriegeschichte steht ein Deutscher, der «Oberbergrath» Carl Christian Friedrich Glenck. Rund zwanzig Millionen Franken hatte er zwischen 1820 und 1836 für Bohrungen ausgegeben, bis er mit seiner Mannschaft endlich am 30. Mai 1836 in 107 Meter Tiefe auf einen mächtigen Salzstock stiess. Damit hatte der Bergbauingenieur mit einem Schlag nicht nur die Schweiz unabhängig von ausländischen Salzlieferungen gemacht, sondern auch den Grundstock für den Aufbau der industriellen Farbenproduktion gelegt. Wasser und Salz sind die unabdingbaren Faktoren für diese im vorletzten Jahrhundert zu einem enormen wirtschaftlichen Faktor gewordenen Industrie. 1869 eröffnete Carl Glenck, ein Enkel des Salinengründers, an der Hochstrasse in Basel ein Kontor mit Lagerhäusern und legte damit den Grundstein für das Kerngeschäft von Schweizerhall, das bis heute seinen hohen Stellenwert hat: den Handel mit chemischen Rohstoffen.

Ein Blick zurück in die Geschichte kann auch den Blick für die Gegenwart schärfen. Wie entstehen Weltkonzerne?, lautet eine der vielen Fragen, die man sich unweigerlich stellt, wenn man sich mit der Industriegeschichte im Allgemeinen und derjenigen Basels im Speziellen beschäftigt. Es braucht – wie dargestellt – gute Grundvoraussetzungen, damals waren das die ohne übertriebenen Aufwand verfügbaren Rohstoffe. Auf der anderen Seite ist es jedoch unabdingbar, dass eine Gegend, in der sich eine blühende Wirtschaft entwickeln soll, auch über die entsprechende «Brain Power» verfügt, wie man heute neudeutsch zu formulieren pflegt. Selbstverständlich braucht es auch so etwas Unwägbares wie ein Quäntchen Glück. Ein Glücksfall für Basel war beispielsweise der Umstand, dass Frankreich die aufblühende Farbenindustrie mit einer restriktiven Gesetzgebung schon im Keime erstickte. Dadurch floss sehr viel Know-how ins wirtschaftsliberale Basel; von «autonomem Nachvollzug» ausländischer Gesetze war damals nirgendwo die Rede. Vielmehr galt der Satz: Der Nachteil meines Konkurrenten ist mein Vorteil. Es braucht Menschen oder besser Persönlichkeiten, die mit Sachverstand, aber darüber hinaus mit Stehvermögen und Beharrlichkeit an ihre Sache glauben und dabei das

Dr. Hans-Peter Schär, ehemaliger Finanzdirektor in der Ciba-Konzernleitung und Verwaltungsratspräsident der Schweizerhall Holding AG von 1984 bis 2003

Risiko nicht scheuen. Es muss eine faszinierende Zeit gewesen sein in diesem 19. Jahrhundert. Wir schielen heute ja gerne nach Amerika, das als einzigartiger Ort für Pioniere gilt. Dabei zeigt die Geschichte, dass dieser Wille zum Aufbruch eben über lange Jahrzehnte auch in Basel herrschte, und ich möchte behaupten: immer noch herrscht.

Ich bin fest davon überzeugt, dass wir in Basel derzeit noch einmal die Chance haben, bei einer Schlüsselindustrie des 21. Jahrhunderts ein gewichtiges Wort mitzureden: bei der Biotechnologie. Die Neunzigerjahre des letzten Jahrhunderts waren geprägt von einem wohl von niemandem vorausgesehenen globalen Umwälzungsprozess in der chemisch-pharmazeutischen Industrie, welche in Basel eines ihrer Epizentren hatte.

Auf dem Boden einer völligen Neustrukturierung der chemisch-pharmazeutischen Industrie, bei der man manchmal den Eindruck bekommt, da bleibe kein Stein auf dem anderen, beginnen sich die ersten Sprösslinge einer neuen Industrie zu zeigen. Selbstverständlich wird es Rückschläge geben. Selbstverständlich wer-

den Einzelne dieser neuen Unternehmen wieder vom Markt verschwinden. Aber es scheint in Basel wieder eine Zeit angebrochen zu sein, in der Neues gewagt wird. Deshalb ist das neueste Unternehmenskapitel von Schweizerhall auch nicht unbedeutend der Biotechnologie gewidmet. Es war mir in den letzten Jahren ein grosses Anliegen, hier für Schweizerhall nochmals entscheidend die Weichen zu stellen, weil ich davon überzeugt bin, dass sich auf längere Frist diese Engagements auszahlen werden.

Ich würde mir nichts mehr wünschen, als dass aus einer dieser noch bescheidenen Neugründungen in nicht allzu ferner Zukunft wieder ein bedeutendes Unternehmen entstehen würde. Das dazu nötige Knowhow, der Enthusiasmus der Menschen und die heute wichtigen Kriterien wie Lebensqualität und Sicherheit sind in Basel vorhanden und werden immer wieder von ausländischen Wissenschaftern und Managern als grosses Plus beschrieben. Und noch etwas Entscheidendes haben wir sehr vielen anderen Gegenden in der Welt voraus: eine gut zweihundertjährige erfolgreiche Industrietradition.

Dr. Hans-Peter Schär

Der Ursprung von Schweizerhall

Der Name Hall oder Halle weist überall, wo er vorkommt, auf Salzlagerstätten hin. Er ist eine Ableitung aus der keltischen Sprache, wo Steinsalz auch Halit genannt wurde.

Man kann sich heute kaum mehr vorstellen, wie wertvoll bis ins 19. Jahrhundert Salz für die Bevölkerung war. Vor rund 10 000 Jahren trat in der Menschheitsgeschichte eine grosse Wende ein: Aus dem Jäger und Sammler wurde ein Bauer. Er begann, essbare Pflanzen regelmässig anzubauen, Tiere zu hegen und Herden zu halten und er wurde sesshaft. Damit änderten sich auch die Ernährungsgewohnheiten der Menschen: Die pflanzliche Kost nahm zu, das Fleisch wurde in Töpfen gekocht und nicht mehr nur gebraten. Durch das Kochen im Topf verliert das Fleisch jedoch seinen natürlichen Salzgehalt, weshalb man es speziell beifügen musste (und muss). Vermutlich verwendete man damals Salz aus den warmen Meeren. Vor etwa 3000 Jahren fiel ein paar Kelten auf, dass das Wild in ihrer Gegend sich immer am gleichen Ort sammelte: Es leckte Salz. Auf einen Schlag waren diese Kelten ihre Sorge um den Salznachschub los. Die europäische Geschichte des Salzabbaus beginnt in Hallstadt in den österreichischen Alpen, der ältesten Salzlagerstätte der Erde.

Salz war für die Menschen bis in die Neuzeit so wichtig, dass es gegen andere wertvolle Dinge getauscht wurde. An gewissen Orten galt das «weisse Gold» konsequenterweise sogar als Zahlungsmittel. Die Römer beispielsweise bezahlten lange ihre Soldaten und Staatsbeamten mit Salz. Aus dem lateinischen «sal» (Salz) wurde deshalb unser «Salär» für Sold oder Lohn.

Weil Salz bis zur Erfindung des Kühlschranks zur Haltbarmachung von Lebensmitteln unabdingbar war, spielte es im bäuerlichen und im bürgerlichen Haushalt eine weit grössere Rolle als heute. Eine Person benötigte im Durchschnitt etwa zwölf Kilogramm Salz pro Jahr. Man brauchte viel Salz, um Gemüse wie Sauerkraut, Salzgurken sowie die Butter haltbar zu machen. Grosse Mengen Salz benötigten die Bauern auch, um Fleisch, Speck und Würste zu konservieren. Zur Zeit der Dreifelderwirtschaft und des allgemeinen Weidgangs ernteten sie zu wenig Heu, um alles Vieh überwintern zu können. Deshalb schlachteten sie im Herbst mehrere Tiere und legten das Fleisch in eine Salzlauge oder salzten es tüchtig ein, bevor sie es räucherten. «Schlachte nie mehr, als du salzen kannst» lautete damals eine Bauernregel.

Bis zur Eröffnung der Saline Schweizerhalle war Salz das wichtigste Einfuhrgut der Schweiz. Die bedeutendsten Lieferanten unseres Landes waren die Salzwerke von Salins in Burgund, Reichenhall (Bayern) und Hall in Tirol. Dazu kamen zeitweise das Meersalz von Peccais aus Südfrankreich sowie Salz aus Lothringen. Durch die weiten Transportwege, Fuhrlöhne, Strassen- und Brückengelder sowie Zollgebühren wurde der Salzpreis zeitweise verdoppelt und war somit sehr hoch. Um 1620 musste ein Bauhandwerker etwa zweieinhalb Tage arbeiten, um seinen Jahresbedarf von etwa acht Kilogramm kaufen zu können. Heute genügt eine halbe Arbeitsstunde, um sich einen Vorrat von acht Kilo anzulegen.

Jahrhundertelang war die Eidgenossenschaft infolge des Mangels an eigenem Salz allen Wechselfällen der politischen Beziehungen zum Ausland und den Launen fremder Herrscher ausgesetzt. Zwar verstanden es unsere Vorfahren, in den Bündnissen mit den französischen Königen (1521–1723) stets auch die Zufuhr von Salz zu garantieren, indem sie Frankreich die begehrten Schweizer Söldner nur gegen Salzlieferungen zur Verfügung stellten.

Zur Zeit des Dreissigjährigen Krieges war die Salznot in der Stadt Basel so gross, dass der bayerische Kurfürst Maximilian I. dem Rat der Stadt das Angebot unterbreitete, Salz im Werte von 20 000 Talern zu liefern. Der Kurfürst forderte dafür nicht mehr und nicht weniger als eines der kostbarsten Kunstschätze Basels, die «Holbeinsche Passion», das achtteilige Altarwerk von Hans Holbein d. J. (1497–1543). Doch glücklicherweise entschlossen sich die Stadtväter nicht zu diesem Tauschhandel, obwohl die Stadt damit für lange Zeit von den Salzsorgen befreit gewesen wäre.

Die Salzversorgung aus dem Ausland bildete bis 1836 eine der wichtigsten Aufgaben der Kantonsregierungen. Um eine gerechte, möglichst billige und gesicherte Salzversorgung zu gewährleisten, wurde der private Salzhandel schon um 1630 von den meisten Kantonen unterbunden. Kauf und Verkauf von Salz wurden zum Staatsmonopol erklärt.

Carl Christian Glenck (1779–1845), Gründer der Saline Schweizerhalle

Das Salz musste bei den staatlichen Salzauswägern bezogen werden – der Kauf in anderen Kantonen galt als Salzschmuggel und wurde schwer bestraft. Durch das Monopol konnten die Regierungen das Salz mit Steuern belegen, was den Bürgern gar nicht behagte. Bei zahlreichen Bauernaufständen stellten sie die Forderung nach freiem Salzverkauf. Doch erst am 22. November 1973 ist dieser Wunsch in Erfüllung gegangen.

Die Belegschaft der Saline Schweizerhalle um die Jahrhundertwende

16

Das Salzkonkordat, eine interkantonale Vereinbarung aller Kantone (mit Ausnahme der Waadt), übertrug den Vereinigten Schweizerischen Rheinsalinen in Schweizerhalle das Recht auf den Handel mit Salz. Seither kann man überall in der Schweiz Salz kaufen, wo man will. Die Preisbildung wurde dem Handel überlassen.

Die Auslandabhängigkeit vom Salz endete schlagartig, als am 30. Mai 1836 der deutsche «Oberbergrath» Carl Christian Friedrich Glenck aus Schwäbisch Hall auf einem Landstück, das er von Major Merian im Gebiet des roten Hauses zwischen Muttenz und Pratteln erworben hatte, in einer Tiefe von 107 Metern auf ein sieben Meter mächtiges Salzlager stiess. Es war dies der erste Erfolg des unermüdlichen Kämpfers, der seit 1820 in der Schweiz über eine Million Franken für siebzehn ergebnislose Bohrversuche ausgegeben hatte. Weiter östlich der ersten Bohrstelle wurde das Salzlager ein zweites Mal angebohrt, und hier liess Glenck eine Saline errichten, welcher er mit Zustimmung der kantonalen Behörden den Namen Schweizerhalle gab.

Seit 1834 besass Glenck eine Konzession des jungen Kantons Basel-Landschaft, die «Salzquellen und Steinsalzlager» im Kantonsgebiete zu erforschen und im Falle des Gelingens Salinen zu errichten. Doch Major Merian wollte die in seinem Erdreich schlummernden Bodenschätze, die er durch eigene Bohrungen bereits zu heben begann, selber ausbeuten und liess es deswegen vor dem Bezirksgericht zu Arlesheim zu einem Prozess gegen die Regierung kommen. Und der mutige Kläger erhielt Recht. Der Landrat berief sich aber auf sein Bergwerksregal und verfügte kurzerhand, dass das Bohrloch durch die Gemeinde Muttenz zugeschüttet werden müsse. Das konnten Merians Leute trotz tatkräftiger Gegenwehr letzten Endes nicht verhindern.

Die wirtschaftliche und industrielle Umwelt Basels im 19. Jahrhundert

Basel

Die Stadt Basel war in den Neunzigerjahren des 19. Jahrhunderts in einem tief greifenden Wandel begriffen. Im weltweiten Konjunkturaufschwung wuchs die Bevölkerung wie in anderen grösseren Städten der Schweiz stark an. Sie nahm von 78 000 Bewohnern um 1890 auf 112 000 um 1900 zu. Schweizer und Ausländer zogen in grosser Zahl zu, und ein wilder Bauboom herrschte bis 1900. Die seit 1845 und besonders in den Fünfzigerjahren erstellten ersten Bahnverbindungen mit Frankreich, Deutschland und in die Schweiz wurden in den Siebzigerjahren stark erweitert. Der Centralbahnhof und der erste Badische Bahnhof wurden errichtet und die Verbindungen durch den Bözberg nach Zürich und durch den Jura nach Biel, Lausanne und Genf gebaut. Die Eröffnung der Gotthardbahn 1882 brachte auch Italien viel näher als bisher. 1881 wurde der Telefonverkehr aufgenommen, und 1895 begann der Ausbau des Oberrheins ab Basel zur modernen Wasserstrasse.

In denselben Jahrzehnten veränderte sich der Stadtstaat Basel politisch grundlegend. Die freisinnige Verfassungsrevision von 1895 hatte das alte liberal-konservative, weitgehend nebenamtliche, aber dennoch leistungsfähige Ratsherrenregiment beseitigt. An seine Stelle trat ein moderner Verwaltungsapparat mit vollamtlichen Regierungsräten an seiner Spitze. Die bisher auf Basler Bürger beschränkte Mitgliedschaft in den Räten und Ämtern öffnete sich nun auch weniger begüterten und niedergelassenen Nichtbaslern.

Doch immer noch wurde die Basler Gesellschaft von einem geschlossenen Kreis alter Bürgerfamilien, von Seidenbandfabrikanten, Grosskaufleuten, Bankiers, Universitätsprofessoren und Geistlichen geprägt, die sich durch eine Mischung aus puritanischem Ernst, scharfem Witz und eigenwilligem Brauchtum auszeichneten. Man nannte dies damals die «Vornehmität» und später halb liebevoll, halb despektirlich den «Daig» (Teig) oder mit den Worten Carl J. Burckhardts «das Basel der Zylinderhüte».

Zwar war Basel neben Genf noch immer die reichste Stadt der Schweiz. Doch in der Schweiz holte Zürich kräftig auf, und der wachsende Wirtschaftsnationalismus Frankreichs und des Deutschen Reiches engte Basel in seiner extremen Grenzlage an der Dreiländerecke zunehmend ein. Dies führte mit dem Ersten Weltkrieg 1914–1918 zu fast katastrophalen Folgen für die Grenzstadt.

Doch auch im Innern der Basler Wirtschaft änderte sich vieles. Die international orientierten Grosskaufleute und Privatbankiers, die in Basel seit dem Mittelalter eine grosse Rolle spielten, verloren im Umfeld der neuen Aktienbanken, des Bankvereins und der Basler Handelsbank, allmählich an Bedeutung. Vor allem aber die im 16. Jahrhundert in Basel eingeführte, im 17. Jahrhundert aufblühende und seit dem 18. Jahrhundert die ganze Stadt prägende Seidenbandindustrie begann seit den Siebzigerjahren, zu stagnieren und ab 1890 zurückzugehen.

Die Anfänge der Seidenbandindustrie

Im 16. Jahrhundert waren unter den Glaubensflüchtlingen aus Italien, Frankreich und den Niederlanden viele Textilunternehmer und -handwerker, darunter auch Bandweber, in die Schweiz und besonders in das gemässigt protestantische, reiche und verkehrsgünstig gelegene Basel gekommen. Ein weitsichtiger Rat verstand es, die zünftischen Hemmnisse gegen solche neuen Gewerbe in Grenzen zu halten. Ja, in der zweiten Hälfte des 17. Jahrhunderts liess er die Einführung des hand- und später wassergetriebenen Kunstbandstuhles zu. Mit diesem konnten vierzehn bis sechzehn Bänder gleichzeitig gewoben werden und er bildete den ersten Schritt zur Mechanisierung und Industrialisierung der Seidenbandweberei. Der Wollweber Emanuel Hoffmann-Müller (1643–1702) schmuggelte vor 1667 die erste dieser «Bandmühlen» aus Holland heraus, brachte sie nach Basel und gründete hier 1669 die erste Bandfabrik, und er wie auch seine Nachkommen gelangten rasch zu grossem Reichtum und Ansehen. Emanuel Hoffmann-Müller ist der Ahn aller heutigen Hoffmann in Basel und so auch von Fritz Hoffmann, dem Gründer der Firma Hoffmann-La Roche & Co. Sein Vater, Friedrich Hoffmann-Merian, war eine Zeit lang noch in der alten, von Emanuel Hoffmann-Müller gegründeten Seidenbandfirma der Familie tätig gewesen.

Im 18. Jahrhundert ging das Seidenbandgewerbe in Basel immer mehr zum System des unternehmerisch, von Exportkaufleuten in der Stadt straff gelenkten

Emanuel Hoffmann-Müller (1643–1702) schmuggelte eine «Bandmühle» aus Holland nach Basel und gründete hier 1669 die erste Seidenbandfabrik.

Verlagsbetriebes mit vielen Heimarbeitern auf der Landschaft über. Seit den Dreissigerjahren des 19. Jahrhunderts kombinierte man die alten Verlagsbetriebe zunehmend mit wasser- und dampfgetriebenen mechanischen Bandfabriken in der Stadt, die die besonders feinen Qualitäten herstellten. Die zur höchsten Blüte gelangte Seidenbandindustrie der Sechzigerjahre wurde jedoch von der schweren europäischen

Wirtschaftskrise ab 1874 und durch den Übergang der meisten Länder zum Schutzzollsystem gebremst. Zudem entstand in den Neunzigerjahren in den USA, die zu den Hauptabnehmern des Basler Seidenbandes gehörten, eine eigene Seidenbandindustrie. Der Niedergang der Basler Seidenbandindustrie begann.

Aus dieser Situation gab es drei Auswege, nämlich erstens die Spezialisierung und Qualitätssteigerung der Bandindustrie, zweitens die Erweiterung und Verlagerung der Produktion ins zollgeschützte Ausland und schliesslich drittens den Wechsel in ganz neue Produktionsgebiete. Die Basler Bandfabrikanten wählten fast alle den ersten Weg. Das verlangsamte zwar den Niedergang, aber verhinderte ihn nicht. Seit dem Ausgang des 19. Jahrhunderts verschwand eine alte Basler Seidenbandfirma nach der anderen bis zum fast völligen Erlöschen in den Jahrzehnten nach dem Zweiten Weltkrieg.

Vom Seidenband zu neuen Industriezweigen

Glücklicherweise hatten sich indessen aus den Neben- und Zulieferbetrieben der Bandindustrie Basels schon seit der ersten Hälfte des 19. Jahrhunderts sukzessive neue Industriezweige entwickelt: die Schappeindustrie (Seidenabfall), die Maschinenindustrie, die Färberei und aus ihr heraus die Teerfarbenindustrie sowie schliesslich die pharmazeutische Industrie. Die Basler Schappeindustrie, die um die Wende vom 19. zum 20. Jahrhundert europäische Dimensionen annahm, ist nach dem Zweiten Weltkrieg wieder untergegangen. Die Maschinenindustrie vermochte sich in Basel, unter anderem als Zulieferer der chemischen Industrie, zu halten. Die Färberei ist nahezu verschwunden, doch ist aus ihr die Teerfarbenindustrie hervorgegangen. Diese dehnte sich nach der Mitte des 19. Jahrhunderts stetig aus und erlebte im Ersten Weltkrieg einen gewaltigen Aufschwung.

Bei der Seidenbandindustrie hatten die Freiheit Basels und die Absenz einer absolutistischen, merkantilistischen Wirtschaftspolitik sowie die Beweglichkeit und die Kapitalkraft der verkehrsgünstig gelegenen Grenzstadt auf neutralem Boden den entscheidenden Standortvorteil ausgemacht. Später, bei der Farbenchemie des 19. Jahrhunderts, aber waren der Farbenbedarf der Seidenbandfärberei Basels sowie der Baumwolldruckereien im Elsass und in Südbaden ein klarer Vorteil. Zudem spielten der Wasserreichtum und das verfügbare Kapital für Investitionen und das gute Bildungsniveau eine wichtige Rolle. Schliesslich bedeutete die nicht vorhandene Patentgesetzgebung einen entscheidenden Vorteil gegenüber der Konkurrenz.

Seit Jahrhunderten gab es in Basel wie in anderen grösseren Handelsstädten zahlreiche Drogenhandlungen (so genannte Materialisten), Spezierer und Apotheker. Sie handelten mit pflanzlichen Farbstoffen und Heilmitteln und Gewürzen. Sie stellten fertige Heilmittel wie etwa Tinkturen genannte Pflanzenextrakte, Pillen usw. her. Ein klassisches Beispiel dafür ist die

Leonhard Bernoulli-Bär (1791–1871) richtete am Kirchgässlein ein Laboratorium ein zur Kristallisation von Soda.

Margarethe Bachofen-Heitz (1735–1819), Basler «Seidenband-Königin»

Basler Familie Bernoulli. Ihre Stammväter kamen als Spezierer, Drogenhändler und Glaubensflüchtlinge um die Wende vom 16. zum 17. Jahrhundert aus Antwerpen über Frankfurt nach Basel. Von ihnen stammten nicht nur vier weltberühmte Mathematiker ab, sondern auch eine ganze Reihe von Apothekern, Spezerei- und Drogenhändlern bis in die Gegenwart hinein. Einige Bernoulli waren als Drogenhändler vom Ende des 18.

bis in die Mitte des 19. Jahrhunderts mit der Familie Geigy in jener Drogenhandlung assoziiert, aus der heraus sich dann das Teerfarbenunternehmen J. R. Geigy entwickelte. Ebenso ging eine Drogerie dieser Linie im 19. Jahrhundert schliesslich in der Drogerie Bohny auf, aus der sich am Ende des 19. Jahrhunderts die Pharmafirma von F. Hoffmann-La Roche abspaltete.

In Frankreich begann der Apotheker Dausse 1834 in

Paris eine Fabrik für pharmazeutische Extrakte zu betreiben, und 1852 gründete der Apotheker Dorvault die Pharmacie Centrale des Pharmaciens zur Belieferung der Apotheker mit Substanzen und Mitteln, die sie nicht mehr gut selbst herstellen konnten. In Deutschland dürften die Anfang der Siebzigerjahre gegründeten Fabriken von Carl Engelhart in Frankfurt, Schering in Berlin und E. Dieterich in Helfenberg die ersten dieser Art gewesen sein. In der Schweiz waren dies die in den Siebzigerjahren ebenfalls von Apothekern geschaffenen Betriebe von Wander in Bern, Siegfried in Zofingen und Sauter in Genf.

Im weiträumigen Nordamerika, wo professionelle Apotheken selten waren und der Drugstore vorherrschte, fing Eli Lilly an, ab 1876 Spezialitäten herzustellen, und in den Achtzigerjahren kamen Upjohn, Abbott und Searle als Konkurrenten hinzu.

Ab etwa 1890 begann die noch junge pharmazeutische Industrie zuerst ganz vereinzelt, den einen oder anderen Wirkstoff als gebrauchsfertiges Präparat an die Apotheker für den Handverkauf abzugeben. Eine praktische, gut dosierbare Darreichungsform wie die eben neu aufkommenden gepressten Tabletten, ein schlagkräftiger Name, eine unverkennbare ansprechende Verpackung und klare Etikettierung wie auch eine den Geheimmitteln ähnliche Propaganda gehörten dazu.

Eines der ersten Beispiele dafür war das von L. Knorr 1883 gefundene Phenyldimethylpyrazolon, das ab 1890 von Höchst genau nach dem Vorbild der Geheimmittel als «Dr. Knorrs Antipyrin Löwenmarke» vertrieben wurde. Hatte die pharmazeutische Industrie seit Anfang des 19. Jahrhunderts nur Wirkstoffchemikalien hergestellt, die der Apotheker selbst zu Medikamenten verarbeitete, so begann sie nun am Ende des Jahrhunderts, zur Fabrikation von gebrauchsfertigen Medikamenten überzugehen. Die seriöse wissenschaftliche Arzneimittelspezialität war geboren. Die Apotheken wandelten sich schrittweise zu fachkundigen Beratern und Verkäufern von industriell gefertigten pharmazeutischen Spezialitäten.

Die Bankengründungen

Die Entwicklung der Banken in Basel ist eng verflochten mit der Entwicklung der chemischen Industrie. Eine für die noch junge Industrie wichtige Kreditgeberin war die 1862 gegründete Basler Handelsbank (BHB). Bis zu jener Zeit hatten als Träger des Bank- und Kreditgeschäftes noch durchaus die Privatbankiers vorgeherrscht, darunter vielfach Firmen von altem Ansehen und hohem Rang. Ursprünglich war bei diesen Firmen der Betrieb des Bankgeschäftes mit dem des Warengrosshandels und der Spedition Hand in Hand gegangen, und erst nach und nach ist in arbeitsteiliger Entwicklung die reine Bankunternehmung daraus entstanden.

Die Zeit zwischen 1840 und 1870 und mithin gerade die Jahre, welche der Gründung der Basler Handelsbank vorausgingen und unmittelbar folgten, bedeuten in der Tat eine gänzliche Strukturwandlung der Wirtschaft, und zwar den Übergang zu der weitgehenden internationalen Verflechtung der wirtschaftlichen Beziehungen und Interessen, welche man sehr charakteristisch als Weltwirtschaft bezeichnet hat. Die neuen Aufgaben, zum Beispiel der Eisenbahnbau, erforderten die Bereitstellung von Mitteln in einem Umfange, wie sie durch die Privatbankiers weder einzeln noch durch gruppenweisen Zusammenschluss beigebracht werden konnten. Kapital im dazu nötigen Umfange konnten nur noch Aktienunternehmen mit öffentlicher Rechnungslegung zur Verfügung stellen. Die Gründung der Basler Handelsbank diente der Verwirklichung dieser Idee auf Basler Boden. Basel zählte damals etwas über 40 000 Einwohner.

Bei der Basler Handelsbank waren die Gründer angesehene Firmen, deren Inhaber schon seit Jahren sich zu gemeinsamer Durchführung geschäftlicher Transaktionen zusammengefunden hatten. Von dieser Seite gesehen, stellte danach die Gründung vor allem eine intensivere Bindung gegenüber dem bisherigen losen Zusammenschlusse dar. An die Spitze des Verwaltungsrats wurde Alphons Koechlin-Geigy, der Schwager von Rudolf Geigy-Merian, berufen. Als Mitglied des Grossen und des Kleinen Rats des Kantons Basel-Stadt, als Mitglied und zeitweiliger Präsident des Ständerats, als einer der hauptsächlichsten Begründer und langjähriger Präsident der Basler Handelskammer, als Mitglied des Verwaltungsrats der Schweizerischen Centralbahn, als wirtschafts- und sozialpolitischer Schriftsteller, als Mittelsmann des Bundesrats bei internationalen Handelsvertragsverhandlungen war Alphons Koechlin eine der einflussreichsten Persönlichkeiten seiner Zeit. Koechlin blieb bis zu seinem Tode im Jahre 1893 Präsident des Verwaltungsrats. Zu seinem Nachfolger in der obersten Leitung des Instituts wurde Dr. Rudolf Geigy-Merian gewählt, der dem Verwaltungsrat der Basler Handelsbank schon seit ihrer Gründung angehört hatte. Mit ihm übernahm ein weit blickender Industrieller das Präsidium, der ebenfalls wirtschaftspolitisch – insbesondere während seiner parlamentarischen Tätigkeit als Vertreter Basels im schweizerischen Nationalrat – einen bedeutenden Einfluss ausübte. Geigy trat Anfang 1914 aus Alters- und Gesundheitsrücksichten zurück, sodass während mehr als eines halben Jahrhunderts nur ein einmaliger Wechsel in der obersten Leitung des Institutes zu verzeichnen war.

1896 trat Rudolf Albert Koechlin-Hoffmann, der Schwager von Fritz Hoffmann-La Roche, in die Direktion der Bank ein. R. A. Koechlin-Hoffmann wurde 1898 Delegierter und von 1914 bis zu seinem Tode Anfang 1927 Präsident des Verwaltungsrats.

Koechlin kann man im Rückblick als Retter der Roche bezeichnen. Aufgrund der kriegsbedingten Verluste und des Währungszerfalls in Deutschland drohte dem noch jungen Chemieunternehmen der Konkurs. Es war Anfang 1919 als Fritz Hoffmann seinen Schwager aufsuchte, um ihm mitzuteilen, sein Unternehmen sei am Ende. «Es gibt keine Konkurse in der Familie», soll daraufhin Koechlin geantwortet haben. Die BHB stellte vier Millionen Franken für eine Auffanggesellschaft zur Verfügung, welche die Aktiven und Passiven der ehemaligen F. Hoffmann-La Roche & Co. übernahm. Das Chemieunternehmen war gerettet.

Die Anfänge der Chemischen Fabrik Schweizerhall

Die dem Entdecker der Salzlagerstätten in Schweizerhalle C.C.F. Glenck erteilte Konzession ermächtigte den Inhaber nebst dem Betrieb einer Saline auch zur Fabrikation von «chemischen Produkten, also Salzsäure, Natron, Glaubersalz und andere, welche durch Verwendung selbst erzeugten Salzes präpariert wurden». Dieses Privileg übertrug Glenck an seinen Generalagenten für den Salzverkauf, den Unabhängigkeitspolitiker und ersten Baselbieter Regierungspräsidenten Stephan Gutzwiller. Dieser errichtete 1844 an der Landstrasse nächst der Saline eine Fabrik mit chemischem Laboratorium.

1847 hatte der Chemiker Gustav Herbst die chemische Fabrik Schweizerhalle übernommen und vergrössert. Im Jahre 1853 war das Werk samt einem mit der Saline 1843 abgeschlossenen Lieferungsvertrag an den namhaften Chemiker Karl Kestner von Thann i.E. übergegangen. Kestner beabsichtigte, in Schweizerhalle eine Sodafabrikation einzurichten, zog es aber dann vor, aus vom elsässischen Thann importierter Leblanc-Soda Kristallsoda und andere Chemikalien zu fabrizieren.

Kestner verkaufte 1859 die Fabrik Schweizerhalle an A.H.R. Potocki. 1860 erwarb Carl Glenck, ein Enkel des Salinengründers, mit regierungsrätlichem Einverständnis die «chemische Fabrik auf Schweizerhall», aus der 1890 die Aktiengesellschaft Chemische Fabrik Schweizerhall in Basel hervorging. Glenck war ein sehr initiativer Unternehmer, der danach strebte, sein Geschäft durch die Aufnahme neuer Artikel zu erweitern. Als in den Sechzigerjahren des 19. Jahrhunderts die Herstellung von Kunstdüngern aufkam, führte Glenck diesen neuen Fabrikationszweig in seiner Fabrik in Schweizerhalle ebenfalls ein. Er stellte namentlich Superphosphat her, das damals noch viel Handarbeit verlangte.

Das Rohphosphat aus Belgien und Frankreich kam in gemahlenem Zustand in Gruben und in Bottiche. Dort wurde es mit Schwefelsäure aufgeschlossen und dann von Hand herausgeholt. Das so entstandene Superphosphat wurde wiederum von Hand durch Zerkleinern und Umschaufeln so gut als möglich in streubaren Zustand gebracht.

Glenck begnügte sich aber nicht mit der Erweiterung seines Fabrikbetriebes. Er gliederte seinem Geschäft schon früh den Handel mit Chemikalien an und eröffnete damit für sein Unternehmen einen neuen Geschäftszweig, der auch heute noch eine Hauptabteilung der Chemischen Fabrik Schweizerhall respektive der heutigen Schweizerhall Chemie AG bildet. Um das Handelsgeschäft in grossem Umfange betreiben zu können, erwarb Glenck im Jahre 1869 in Basel an der Hochstrasse eine grössere Liegenschaft, die er mit den daneben befindlichen Bahnanlagen der damaligen Schweizerischen Centralbahn durch einen Geleiseanschluss verband.

In die Zeit der ersten Entwicklung des Unternehmens fällt der Eintritt des Johannes Bührer in das Geschäft. Bührer, der aus Bibern im Kanton Schaffhausen stammte, trat am 25. Juli 1867 bei Glenck als Buchhalter und Kassier ein. Bührer hatte die ganze Entwicklung des Geschäftes miterlebt, und als er zu Anfang des Jahres

Carl Glenck-Struntz, Gründer der Chemischen Fabrik in Schweizerhall

Johannes Bührer-Bader (1847–1936)

1932 sein Amt als Verwaltungsrat der Chemischen Fabrik Schweizerhall aus Altersgründen niederlegte, konnte er auf eine fast 64-jährige, von grossem Erfolg begleitete Tätigkeit zurückblicken.

Das Handelsgeschäft in Basel nahm mit der Zeit einen immer grösseren Umfang an, was auch grössere Geldmittel erforderte, über die aber Glenck allein nicht verfügte. Da beschlossen Glenck und Bührer, das Geschäft in eine Aktiengesellschaft umzuwandeln, und zwar mit weitgehender finanzieller Beteiligung der damaligen Mitarbeiter Johannes Bührer-Bader, Dr. Emil Labhardt-Thommen, Johann Jakob Jundt-Grieder, Carl Hagemann-Wietig, Lobegott Naef-Stieger, Eugène Vuillien und William Wallrath. Ferner beteiligte sich finanziell am Unternehmen Emil Wenk-Thommen, damaliger Teilhaber der Spritfabrik Thommen.

Die Fabrikanlagen von Ernst Karl Ferdinand Petersen in der «Rheinlehne», die später von der Chemischen Fabrik Schweizerhall übernommen wurden.

Der erste Farbstoffproduzent Ernst Karl Ferdinand Petersen

Ferdinand Petersen wurde am 16. Mai 1828 als Sohn des rheinischen «Fabrikanten von chemischen Präparaten und Säuren für Wolle-, Seiden- und Baumwollfärberei» Ferdinand Krimmelbein in Hille geboren. Da seine Mutter in erster Ehe mit dem dänischen Kunstmaler Johann Christian Petersen verheiratet war und diesem vor seinem frühen Tode bereits einen Sohn mit Namen Julius geschenkt hatte und da ferner der Name Krimmelbein zu ständigen Sticheleien Anlass gab, erhielt der junge Ernst Karl Ferdinand gleich seinem Halbbruder den Familiennamen Petersen.

Im Jahre 1846 ging er an die Universität Giessen, um beim damals bekannten Professor Justus Liebig Chemie zu studieren. Nach vier Semestern verliess Ferdinand Petersen die Universität, um in der chemischen Fabrik von George Harvey & Son in Glasgow eine leitende Stellung als Betriebschemiker anzutreten. Im Jahre 1851 war, mehr als Laboratoriumskuriosität denn als praktisch verwertbare rote Farbsubstanz, das Murexid entdeckt worden, und Petersen entschloss sich, mit der Unterstützung seines Vaters, dessen Herstellung in grossem Stil aufzunehmen. Er mietete in Saint-Denis ein schuppenartiges Hinterhaus, das damit eine der ersten, wenn nicht überhaupt die erste Fabrik künstlicher Farbstoffe für die Textilfärberei wurde. Ausser Murexid fabrizierte Ferdinand Petersen auch den zweiten künstlichen Farbstoff, Saflorkarmin; doch hatte er grosse Mühe, seine neuen Produkte an den Mann zu bringen. Ein durchschlagender Erfolg wurde Petersen erst zuteil, als es ihm gelang, ein fünfzig Meter langes Stück Wollgewebe mit Murexid fleckenrein zu färben.

Damit hatte sich Ferdinand Petersen unter die erfolgreichsten Koloristen seiner Zeit eingereiht. Seine kleine Fabrik nahm einen derartigen Aufschwung, dass er es wagen konnte, in Villeneuve-la-Garenne, ebenfalls in der Nähe von Saint-Denis, ein Grundstück von rund hundert Aren zu kaufen und darauf seine zweite, grössere Fabrik zu bauen. Unterdessen aber hatte die Produktion weiterer künstlicher Farbstoffe neue Fortschritte gemacht. Kaum war die Fabrik in Villeneuve-la-Garenne in Angriff genommen worden, hörten die Murexidbestellungen aus Paris fast schlagartig auf; denn mit dem Fuchsin war ein neuer Farbstoff aufgetaucht, der ein noch schöneres Rot als das Murexid ergab.

Der Rückgang der Murexidbestellungen und die anfänglich fantastisch hohen Preise für Fuchsin bewogen Ferdinand Petersen dazu, in Genevilliers unverzüglich die Fuchsinfabrikation aufzunehmen. Nicht nur hatte sich dieser Farbstoff hinsichtlich der Leuchtkraft und der Verwendungsmöglichkeit für die verschiedensten Gewebe allen anderen Farben überlegen gezeigt, sondern es war auch gelungen, ausser dem Anilinrot auch ein Anilinblau und andere Tönungen zu entwickeln.

Umweltprobleme zwangen Petersen jedoch, sich nach einem anderen Standort für seine Farbenproduktion umzusehen. Die langsam fliessende Seine wurde mehr und mehr durch die bei der Fuchsinherstellung verwendete Arsensäure stark verunreinigt und grosse Mengen von Fischen gingen zugrunde. Um einem Eingreifen der staatlichen Organe zuvorzukommen, fasste Petersen den Entschluss, sich für seine Fuchsinfabrik in Basel eine geeignete Lokalität zu suchen. Der stark strömende Rhein mit seinen grossen Wassermengen bewog ihn, hierher zu kommen, wo bereits eine Anzahl von chemischen Unternehmen entstanden war.

Schon vor einiger Zeit hatte er sich in Saint-Denis mit einem gewissen Sichler assoziiert, der ziemlich viel Kapital in das Unternehmen «F. Petersen et Sichler» gesteckt hatte. Der Sohn des Teilhabers wurde in die Schweiz entsandt, während Petersen vorerst in Saint-Denis blieb, den Betrieb überwachte und später von Zeit zu Zeit nach Schweizerhalle reiste, wo er die kleine chemische Fabrik oberhalb der Saline von Carl Glenck-Struntz 1862 mietweise und 1868 käuflich übernommen hatte.

Die Fabrik in Schweizerhalle, die so genannte Rotfarb, bestand 1844 aus einem Wohnhaus, aus einem sehr massiven, die Büros und das Laboratorium enthaltenden Gebäude, einem vierzig Meter hohen, viereckigen Fabrikschornstein, einem Pumpbrunnen und einer Anzahl kleinerer Bauten mit Brennerei, Öfen und Rauchröhren.
Durch den Zukauf zweier weiterer Parzellen ging Petersen nun sofort an den Ausbau der Fabrikliegenschaft und erhöhte die 1862 nach Schweizerhalle verlegte Fuchsinproduktion so erfolgreich, dass er die ganze Schweiz damit beliefern konnte. 1882 wurde die Fabrik namhaft erweitert, ein zweiter Hochschornstein von vierzig Metern erstellt und eine eigene Arsensäurefabrik in Betrieb gesetzt. Der jährliche Verbrauch an Arsenik stieg schliesslich auf rund 300 000 Kilogramm. Die Beseitigung der giftigen Abfallstoffe bereitete keine Schwierigkeiten; denn der rasch strömende Rhein bewältigte damals noch diese ständige Verunreinigung, sodass Petersen daraus keine Probleme erwuchsen. Wohl soll einmal eine lokale Bodenvergiftung vorgekommen sein, doch die starke Bewegung des Grundwassers vermochte eine Katastrophe zu verhüten.
Petersen hatte zwei Chemiker bei sich beschäftigt, deren Namen ebenfalls mit der Basler Farbindustrie verbunden bleiben: den Farbstoffchemiker Louis Durand-Koechlin, der 1870 von Clavel herkam und nach seinem Weggang von Petersen zusammen mit seinem Schwager Daniel Huguenin-Koechlin die Firma Durand, Huguenin & Cie. gründete, sowie R. Bindschedler aus Winterthur, den nachmaligen Gründer der Firma Bindschedler und Busch, später umgewandelt in die Ciba Aktiengesellschaft.

Nach dem Tode des tüchtigen Farbstoffchemikers Petersen im Jahre 1908 ging die «Rotfarb» in der Chemischen Fabrik Schweizerhall auf. Hier berühren sich die Wege mit denen der anderen Basler Chemiefirmen, die sich mit Ausnahme von Roche alle als Farbstoffproduzenten etablierten. Hier scheiden sich aber auch die Wege, wie noch gezeigt wird.
Der Jubiläumsschrift «50 Jahre Chemische Fabrik Schweizerhall» können wir Folgendes entnehmen:

«Für die geschäftliche Entwicklung der Chemischen Fabrik Schweizerhall haben sich namentlich zwei Umstände ausgewirkt. Der eine Umstand lag in der breiten geschäftlichen Basis, auf die das Geschäft gestellt worden war, indem nicht nur die Fabrikation chemischer Produkte verschiedener Art für Industrie und Landwirtschaft aufgenommen wurde, sondern auch der Handel mit solchen Produkten. Der zweite Umstand lag in der Beteiligung des Personals des Geschäftes am Aktienkapital der Gesellschaft.»

Bei der Gründung der Gesellschaft haben die damaligen Angestellten einen erheblichen Teil des Aktienkapitals in grösseren und kleineren Posten übernommen. Diese Verknüpfung von Vermögensinteressen des Personals mit dem Schicksal der jungen Aktiengesellschaft ist für das Personal «ein Ansporn zum Fleiss und gleichzeitig eine Mahnung zur Vorsicht gewesen». Dazu kam noch die weitsichtige und kluge Geschäftsführung von Johannes Bührer, dem bei der Gründung der Aktiengesellschaft die Leitung des Geschäftes anvertraut worden war. Bührer kannte aus seiner langjährigen Tätigkeit die Vorteile und Nachteile der früheren Geschäftsführung, was ihm nun bei seinen Dispositionen sehr zustatten kam. So brachte schon das erste Geschäftsjahr der Aktiengesellschaft, das die neun Monate vom 1. Oktober 1889 bis 30. Juni 1890 umfasste, das erfreuliche Resultat eines Reingewinns von Fr. 59 693.97.
Um die Jahrhundertwende beschloss der Verwaltungsrat, einen zwischen der Elsässerstrasse und dem künftigen Güterbahnhof St. Johann gelegenen Landkomplex

Ernst Karl Ferdinand Petersen lebte von 1828 bis 1908.
Dem wagemutigen Unternehmergeist des tüchtigen Farbstoffchemikers verdankt die Nordwestschweiz eine markante Belebung in Fabrikation und Handel mit chemischen Produkten.

von 37 500 Quadratmetern zu erwerben, wovon später ca. 15 000 Quadratmeter für die damalige Schweizerische Centralbahn expropriiert wurden. Auf dem verbliebenen Gelände wurden ausser dem Bürogebäude auch grosse Lagerräume sowie eine Superphosphatfabrik errichtet. Die ganze Anlage, die noch heute durch mehrere Geleiseanschlüsse mit dem St. Johann-Bahnhof verbunden ist, konnte im Mai 1900 dem

Betrieb übergeben werden. Diese Umstellung verlieh der Chemischen Fabrik Schweizerhall den Charakter eines grosszügigen Industrieunternehmens.

In der Folge wurden immer wieder neue Handelsartikel aufgenommen wie Futtermittel, Benzin, Carbid usw., sodass die Lagerräumlichkeiten stets gut ausgenützt waren. In diesem Zusammenhang sei auch erwähnt, dass im Jahre 1911 die Fabrikanlage in Schweizerhalle durch den Erwerb eines anstossenden, ebenfalls am Rhein gelegenen Fabrikareals (ehemalige Fabrik Petersen) vergrössert wurde.

Diese beiden Fabrikationszweige griffen so eng ineinander, dass sich auch die Chemische Fabrik Schweizerhall ernstlich überlegen musste, die zur Herstellung von Superphosphat nötige Schwefelsäure selbst zu fabrizieren. Der Verwaltungsrat beschloss daher im Jahre 1902, in Basel eine Schwefelsäurefabrik zu bauen. Als die bisherigen Schwefelsäurelieferanten von dem geplanten Projekt erfuhren, stellten sie für einen langfristigen Lieferungsvertrag derart günstige Bedingungen, dass der Bau der Säurefabrik aufgeschoben wurde.

Erst während des Ersten Weltkrieges, als die Zufuhren von Schwefelsäure aus dem Ausland unterblieben, wurde das Projekt wieder aufgenommen. Es ist namentlich ein Verdienst von Johannes Bührer, dass dieser Plan verwirklicht wurde, allerdings nicht durch die Chemische Fabrik Schweizerhall allein, sondern gemeinschaftlich mit den Basler chemischen Fabriken: Gesellschaft für Chemische Industrie, Sandoz A. G.,

J. R. Geigy A. G. und der Chemischen Fabrik Uetikon, vorm. Gebr. Schnorf, Uetikon, unter dem Namen Säurefabrik Schweizerhalle.

Im Zusammenhang mit der Errichtung der Säurefabrik in Schweizerhalle steht auch die Verlegung der Superphosphatfabrik in Basel nach Schweizerhalle. Da die neue Fabrik in nächster Nähe der Säurefabrik erstellt wurde, konnte die zur Herstellung von Superphosphat nötige Schwefelsäure direkt in die Fabrikationsräume der Superphosphatfabrik übergeführt werden, wodurch wesentliche Transportkosten erspart blieben. Die Verlegung der Superphosphatfabrik an der Elsässerstrasse musste sowieso mit der Zeit ins Auge gefasst werden, da mit der Inbetriebsetzung des Güterbahnhofes St. Johann sich neue Industrien, namentlich der Lebensmittelbranche, in unmittelbarer Nähe des Betriebes ansiedelten und die neuen Nachbarn sich über die Abgase der Superphosphatproduktion beschwerten. Die Anlage in Schweizerhalle wurde mit den neuesten Einrichtungen versehen und auf eine Jahresproduktion von ca. 15 000 Tonnen, mit der Möglichkeit zum Ausbau auf 30 000 Tonnen, eingestellt. Damit war die Voraussetzung gegeben, einen erheblichen Teil des Jahresbedarfes der schweizerischen Landwirtschaft an Superphosphat unabhängig von ausländischen Einfuhren zu decken.

Die frei gewordenen Räumlichkeiten an der Elsässerstrasse werden seither für andere Zwecke gebraucht.

Eine Hängebahn zur Einlagerung von Superphosphat in der Superphosphatfabrik der Schweizerhall im Jahre 1932

Die Gründung der Basler Teerfarbenindustrie

Die grosse Nachfrage nach künstlichen Farbstoffen war bereits dem offiziellen Berichterstatter der ersten Basler Industrieausstellung von 1830 nicht unbekannt gewesen: «Für die Färberei bietet nun das chemische Fach unentbehrliche Hilfsmittel ... Zugleich bildet sich damit ein Industriezweig, dem die wissenschaftlichen Fortschritte eine stets wachsende Ausdehnung verheissen.» In Basel wurden die natürlichen Farben von der Textilindustrie (Indiennefabrik, Färberei) in eigenen Labors hergestellt, doch nicht in industriellem Umfang. Da diese Färbereien noch zünftisch organisiert und innovationsfeindlich waren, musste der Anstoss für die Gründung der Basler Teerfarbenfabriken von aussen kommen.

1856 versuchte William Perkin an der Royal Institution in London, das für die Malariabehandlung in den Kolonien des britischen Weltreiches unentbehrliche Chinin aus Steinkohlenteer-Produkten herzustellen. Er konnte nicht wissen, dass dies trotz Ähnlichkeiten in der elementaren Zusammensetzung unmöglich war. Die organische Strukturchemie existierte damals noch nicht. Bei seinen Versuchen fand er aber eine brillante violette Verbindung, das Mauvein, mit der er Seide färben konnte.

Perkins kommerzieller Erfolg führte zu einer fieberhaften Suche nach weiteren Farbstoffen, zuerst in der Seidenindustrie von Lyon, von wo die Farbstoffindustrie über das Elsass 1859 nach Basel gelangte. Daraus entstanden die heutigen Chemiekonzerne in Basel. In den ersten 36 Jahren basierte die Basler chemische Industrie ausschliesslich auf der Farbstoffproduktion.

Die deutschen Chemiekonzerne wurden einige Jahre später gegründet. Bald waren sie jedoch grösser als die Basler Firmen.

Die Ansiedlung der organisch-chemischen Industrie Kontinentaleuropas schloss sich nicht unmittelbar an Perkins Erfindung an. Es bedurfte einer zweiten Farbstoffsynthese, da das Mauvein «mit seiner ausgefallenen Farbnuance nicht viel mehr als ein kostspieliges Kuriosum in der Farbküche der Färbereien» darstellte. Das tatsächlich auslösende Moment war die Herstellung des roten Farbstoffs Fuchsin durch den Lyoner Chemiker Emanuel Verguin (1858). Da Fuchsin wie Mauvein nur auf Seide zog, verkaufte Verguin das Patent an die grosse Lyoner Seidenfärberei Renard, Frères & Franc.

Im April 1859 stellte die Firma das Produkt unter Patentschutz und begann unverzüglich mit dessen Produktion. Die Konkurrenz reagierte umgehend: Nur wenige Monate nach der Patentierung des Fuchsins entdeckten Jean Gerber-Keller und sein Sohn Armand in Dornach bei Mülhausen ein neues Verfahren zur Herstellung eines roten Farbstoffs. Doch der neue Seidenfarbstoff, das so genannte Azalein, konnte in Frankreich nicht patentiert werden, weil die französische Patentgesetzgebung von 1844 nicht das Verfahren selbst, sondern lediglich das Endprodukt schützte. Das Azalein glich zu sehr dem Fuchsin, sodass Jean und Armand Gerber während und erst recht nach dem 1863 verlorenen Prozess in dieser Sache ihre Erfindung nicht industriell verwerten durften.

Dieses langjährige Gerichtsverfahren hatte für Frankreich die verheerende Folge, dass eine grosse Zahl von französischen Chemikern nach Belgien, Deutschland und in die Schweiz auswanderte: «C'est en un mot une expatriation générale comme celle qui suivit la révocation de l'Edit de Nantes.» Diese ganze Industrie, welche in Frankreich das Licht der Welt erblickt hatte, wandte sich nach England, in die Schweiz und nach Deutschland, wo sie alsbald eine geradezu kolossale Entwicklung fand. Sie war mit einem Schlage für Frankreich sozusagen verloren, zugunsten fremder Länder und besonders Deutschlands, welches diese Industrie zu nie geahnter Blüte brachte.

Die Bevorzugung der Schweiz, insbesondere der Grenzorte Basel und Genf, ist auf den Umstand zurückzuführen, dass das Land bis 1907 – dreissig Jahre länger als Deutschland – keinen Chemiepatentschutz kannte. Die schweizerische chemische Industrie war so in der Lage, die Verfahren ausländischer Patente ohne weiteres zu benutzen und eigene Erfindungen im Ausland patentieren zu lassen.

Für den schweizerischen Standort sprachen weder das Vorhandensein noch die billige Beschaffung von Rohstoffen. Hingegen boten die Seidenfärbereien und der Rhein als Transportweg und Abfallgrube die entscheidenden Standortvorteile. Auch in La Plaine bei Genf war die Rhone für die Ansiedlung chemischer Fabriken ausschlaggebend, denn nur grosse Flüsse kamen damals für die Entsorgung des industriellen Abfalls in Frage. Zu Beginn der 1870er-Jahre, als die

Farbstoffe gehen in die ganze Welt.

deutsche Besatzung im Elsass die Farbenfabriken unter Druck setzte, gewann Basel gegenüber Mülhausen den Standortwettbewerb definitiv.

Beim Kleinbasler Bläsitor im «Bläserhof» betrieb Alexander Clavel ab
1859 sein Färbereilaboratorium. Dieses Unternehmen war die «Urzelle»
der späteren Ciba.

Die Anfänge von Ciba

Für den damaligen Know-how-Transfer waren zum einen die richtige Heiratspolitik und zum anderen eben auch Ideenklau bedeutsam. In Basel begann als Erster Alexander Clavel (1805–1873) im Sommer 1859 mit der Herstellung von künstlichen Farben. Clavel war zwar kein Chemiker und hatte kein eigenes Patent entwickelt, doch dank seiner Lyoner Herkunft gelangte er in den Besitz des Fuchsinpatents. Im Jahre 1838 verstarb in Basel der Färbereibesitzer Carl Theodor Oswald-Linder in jungen Jahren. Er hatte seinen Freund aus Lyon bestimmt, seiner Witwe und den noch unmündigen Kindern bei der Liquidation des Färbereibetriebs im Bläserhof beizustehen.

Der «Testamentsvollstrecker» kam, sah und siegte. Von einer Liquidation war bald nicht mehr die Rede, denn Alexander Clavel heiratete 1840 die Witwe. Er nahm sich deren Kinder an und zeugte mit ihr zudem drei weitere Nachkommen. 1854 heiratete Clavels Stieftochter, Rosine Henriette Oswald, einen Teilhaber der Firma Renard, Frères & Franc, nämlich Joseph Renard. Ob bei einem sonntäglichen Kaffeekränzchen oder einem Fabrikbesuch in Lyon, Alexander Clavel erhielt durch seinen Schwiegersohn sehr schnell Kenntnis vom Fuchsinverfahren Verguins.

Der Know-how-Transfer war damals auch anders möglich – es brauchte nicht immer diese umständliche Heiratspolitik. Verguins Methode galt zwar in Fachkreisen als gutes Verfahren, doch die neuen Fabriken be-

Alexander Clavel (1805–1873)

vorzugten das Gerbersche Verfahren, «das Ideal einer rationellen Darstellungsmethode», wie sich der Basler Kantonschemiker ausdrückte. Clavel konnte dafür auf den Mülhauser Chemiker Jules Albert Schlumberger-Saxer zurückgreifen. Bereits vor der missglückten Patentanmeldung des Azaleins hatte Schlumberger als Wohnungsnachbar der Familie Gerber in Dornach von deren Entwicklung Kenntnis bekommen. Schlumberger verkaufte sein Wissen für gutes Geld in Paris, Lyon, St-Etienne, Württemberg, Sachsen, Preussen und an anderen Orten. In der Schweiz wandte er sich zuerst an einen Textilfabrikanten in Glarus, Mitte Oktober 1859 kontaktierte er in Basel die Seidenfärbereien, darunter diejenige Clavels. Letzterer kaufte ihm das Verfahren ab und besass damit Ende Oktober 1859 bereits zwei Wege zur Herstellung von rotem Seidenfarbstoff. Der Grundstein für die spätere Gesellschaft für chemische Industrie in Basel (Ciba) war gelegt.

Johann Rudolf Geigy-Merian (1830–1917)

Die Anfänge von Geigy

Wenn wir unserem Wanderchemiker weiterfolgen, stossen wir auf die Anfänge einer anderen Firma, die später zum Grosskonzern aufstieg. 1860 wird Schlumberger Chefchemiker in der neu gegründeten Farbenfabrik J. J. Müller & Cie. Ihr Besitzer, Johann Jakob Müller-Pack (1825–1899), war 1859 als Prokurist zum Basler Betrieb J. R. Geigy & U. Heusler gestossen. Ein Jahr später kaufte er deren «Extraktfabrik», die natürliche Farbstoffe aus speziellen Farbhölzern herauszog, und baute die kleine Anlage zu einer Fabrik aus. Dank Schlumbergers chemischen Kenntnissen konnte man im Herbst 1860 mit der Produktion von künstlichen Farbstoffen beginnen. Doch bereits vier Jahre später war die Produktion am Ende: Ein verlorener Prozess wegen Verunreinigungen des Grundwassers zwang Müller-Pack aus finanziellen Gründen, die Produktionsstätten 1864 zu verkaufen. Johann Rudolf Geigy-Merian (1830–1917), der ursprüngliche Besitzer der Extraktfabrik, war bereit, die nötige Summe zu bezahlen, und führte den Betrieb erfolgreich weiter.

Der Ursprung der Familie Geigy kann zurückgeführt werden auf Thomas Gygi, der als junger Müller 1626 aus dem Dörfchen Zuben bei Altnau im Thurgau nach Basel kam, zwei Jahre später die Müllerstochter Katharina Merian zur Frau gewann und 1639 das städtische Bürgerrecht erwarb. Einer seiner Nachkommen, Johann Rudolf Geigy, kam am 23. Juni 1733 im Haus «zum Strauss» zur Welt. Aller Wahrscheinlichkeit nach absolvierte er eine kaufmännische Lehre und bildete sich dann in der Westschweiz und in Frankreich weiter aus. In die Vaterstadt zurückgekehrt, rief er 1758 eine eigene Firma ins Leben, die sich mit dem Handel von Drogen, Kolonialwaren und Spezereien beschäftigte. Damit wurde Johann Rudolf Geigy-Gemuseus zum Gründer des Geigy-Weltunternehmens.

Nicht nur aus einer Seidenfärberei, einer Extraktfabrik oder einem Handelshaus konnten chemische Fabriken entstehen, sondern auch aus einer Gasfabrik. Jean Gaspard Dollfus (1812–1889), ein Zivilingenieur aus Mülhausen, betrieb als Pächter die Basler Gasfabrik von 1853 bis 1868, als die Stadt die Gasfabrik auf eigene Rechnung übernahm. 1860 kaufte er ein benachbartes Grundstück, um aus den Steinkohleabfällen, die sich aus der Gasfabrikation ergaben, Öle für die Teerfarbenproduktion herzustellen und an Fabriken zu liefern. Im Sommer 1862 begann Dollfus, selber Anilinfarben zu produzieren, und legte das Fundament für den dritten erfolgreichen Basler Betrieb, der nach Dollfus' Ausscheiden unter dem Namen Durand, Huguenin & Cie. lief.

Im selben Jahr 1862 kamen Jean und Armand Gerber aus Mülhausen in die Schweiz und traten bei Dollfus als Chemiker ein, da sie wegen des unerledigten Prozesses immer noch nicht Azalein produzieren konnten. Als am 31. März 1863 das endgültige Urteil gegen das Gerbersche Verfahren gesprochen wurde, baute Armand Gerber eine eigene Farbenfabrik in Basel, die unter dem Namen Gerber & Uhlmann im April 1864 die Produktion aufnahm, dreissig Jahre später bereits

wieder ihre Segel streichen musste und mit Ciba fusionierte.

Um 1870 existierten vier Betriebe in Basel und je einer in La Plaine und in Schweizerhalle. Am solidesten stand die Firma Johann Rudolf Geigy da, wie der offizielle Schweizer Bericht der Wiener Weltausstellung betonte: «Joh. Rud. Geigy, eine der bedeutendsten und berühmtesten Fabriken von Farbholzextrakten, Indigocarmin und künstlichen Farbstoffen des Continents. Jahresproduktion im Wert von 3–4 Millionen; 126 Arbeiter; 4 Dampfmaschinen von zusammen 450 Pferdestärken.» Geigys Leistungen hätten «in der Erteilung des Ehrendiploms eine wohlverdiente Anerkennung» gefunden. An zweiter Stelle stand Clavels Betrieb, der nach einer dynamischen Anfangsphase allerdings sein Wachstum verlangsamte. Dieser Betrieb wurde schliesslich von Bindschedler & Busch weitergeführt. Erst Clavels Enkeln René und Alexander gelang später mit der Erfindung und Vermarktung respektive Lizenzierung einer Methode zur Färbung von Kunstseide (Azetat) nochmals ein grosser Coup. Die daraus fliessenden Lizenzgebühren ermöglichten den Kauf und den Ausbau solcher Landsitze, wie sie heute noch im Wenkenhof in Riehen oder im Landgut Castelen respektive in der Römerstiftung in Augst zu besichtigen sind. Die chemischen Betriebe der Schweiz hatten ihre Gründungsphase hinter sich gelassen und traten an der Schwelle der Siebzigerjahre in eine neue Phase ein.

Die Wissenschaft hält Einzug in die Basler Chemieindustrie

Mitte der 1880er-Jahre präsentierte sich für die Basler Chemieindustrie eine fundamental neue Situation. Die Basler Betriebe, insbesondere Bindschedler & Busch, hatten seit einigen Jahren begonnen, den für die Schweizer Wirtschaft charakteristischen industriellen Sonderweg einzuschlagen: Sie spezialisierten sich auf hochwertige Nischenprodukte. Das Alizarinexperiment hatte gezeigt, «wie wenig Erfolgsaussichten für eine auf Massenfabrikation eingestellte Produktion in der Schweiz bestanden». Die ungünstige Rohstoffversorgung zwang die Basler Betriebe, «solche Farbstoffe herzustellen, bei denen die vom Ausland gelieferten und durch den Transport verteuerten Rohstoffe einen verhältnismässig geringen Anteil an den Gestehungskosten trugen». Bereits in der zweiten Hälfte der Sechzigerjahre hatten einige Basler Firmen, die das Fuchsin als Ausgangsprodukt für andere Farbstoffe brauchten, mit der Eigenproduktion von Fuchsin aufgehört, da die Preise für Anilin und Arsensäure so hoch geworden waren.

Die Spezialisierung auf konkurrenzlose Qualitätsfarbstoffe verlangte grössere Forschungsanstrengungen. Die Firmen waren gezwungen, die Zahl der Industriechemiker zu erhöhen und eigene Laboratorien aufzubauen. Wissenschaft wurde zu einem zentralen Faktor der organisch-chemischen Industrie, und so erschien die Hochschule nicht nur als Ausbildungs-, sondern auch als Forschungsstätte eine attraktive Institution.

Bindschedler & Busch waren die Schrittmacher dieser Neuorientierung. Obwohl ihr Alizarinexperiment gründlich gescheitert war, «brachte das kühne Projekt doch einen wesentlichen Gewinn: Die neuen, eigens zur Alizarinherstellung gebauten Fabrikationslokale konnten sofort für die Produktion anderer Farbstoffe Verwendung finden.» 1881 beschäftigte der Betrieb mit seinen 250 Arbeitern etwa zweieinhalbmal so viel wie 1878, und der wissenschaftliche Stab zählte bereits etwa zwanzig Chemiker.

Wichtigster Promotor der Neuorientierung war Direktor Robert Bindschedler (1844–1901) aus Winterthur. Seine Übernahme des Clavelschen Betriebs 1873 markiert den Anbruch einer neuen Phase, denn damit übernahm zum ersten Mal ein Absolvent des Eidgenössischen Polytechnikums die Leitung einer chemischen Firma, der die zentrale Bedeutung der Wissenschaft für die Farbstoffindustrie erkannte. Mit Bindschedler tauchte ein neuer Unternehmertyp auf: der Wissenschaftsmanager. Seine Stärke beruhte nicht so sehr auf einem wissenschaftlichen Forschungstalent, sondern auf der Fähigkeit, verschiedene Forschungsanstrengungen mit kaufmännischen Planungen zu vernetzen.

Die Firma Bindschedler & Busch scheint um 1880 der attraktivste Arbeitsplatz für junge Industriechemiker gewesen zu sein. Anders lässt sich nicht erklären, dass damals zwei der begabtesten Forscher und Wissenschaftsmanager in diese Firma eintraten: Alfred Kern (1850–1893) aus Bülach ZH und Robert Gnehm (1852–1926) aus Stein am Rhein SH. Ihre Biografien folgten demselben Muster wie diejenige Bindschedlers: Beide blieben nach dem Polytechnikumsdiplom

Alfred Kern (1850–1893)

Robert Gnehm-Benz (1852–1926)

einige Jahre als Assistenten an der Hochschule. Gnehm doktorierte an der Universität Zürich und überbrückte als Privatdozent die einsemestrige Lücke, die nach dem plötzlichen Tod Professor Kopps eingetreten war (1875/1876). Kern doktorierte in Deutschland als Industriechemiker bei der Firma Oehler in Offenbach am Main (1872–1878), wo er während seines letzten Jahres zusammen mit Gnehm arbeitete. 1879 trat Kern bei Bindschedler & Busch ein, ein Jahr später auch Gnehm, der bereits in der Studienzeit öfter in diesem Basler Betrieb als Chemiker gearbeitet hatte.

1884 verwandelte sich die Firma in eine moderne Aktiengesellschaft und nannte sich neu Gesellschaft für chemische Industrie in Basel (Ciba), in der die beiden Direktorenposten von den Ostschweizer Wissenschaftsmanagern Bindschedler (bis 1889) und Gnehm (bis 1892) versehen wurden. Die altbaslerischen Familien nahmen als Geldspender und Anciennitätsverleiher im Verwaltungsrat Platz und signalisierten mit der Übernahme von Bindschedler & Busch ihr Vertrauen in die Wachstumschancen der chemischen Industrie. 1873 hatten die Basler Banken die Neugründung der Fabrik nur zögernd unterstützt, zumal Clavels Sohn, der in die Familie Merian eingeheiratet hatte, nicht die Farbenproduktion weiterführen, sondern sich auf die Färberei beschränken wollte.

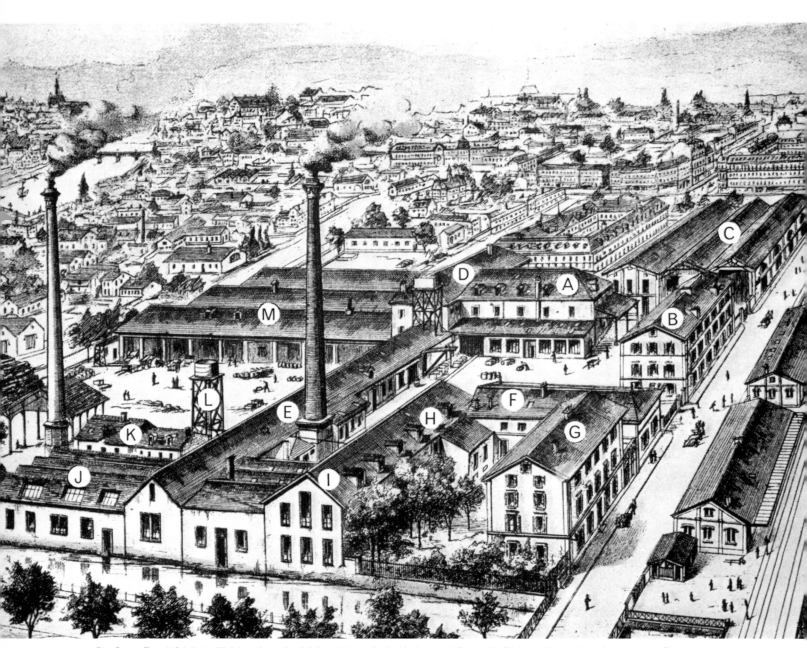

Die Geigy-Extraktfabrik im Kleinbasel um die Jahrhundertwende. Im Vordergrund fliesst der Riehenteich, rechts sieht man erste Rangieranlagen des dann 1911 fertiggestellten (zweiten) Badischen Bahnhofs.

1884 hingegen, als infolge der wirtschaftlichen Krisen der Verkauf der Fabrik Bindschedler & Busch diskutiert wurde, entschloss sich der 1872 gegründete Bankverein zum Risiko der AG-Gründung. «Die Verbindung der Bank mit der industriellen Strukturwandlung, durch die in Basel der Hauptakzent von der Seidenbandweberei auf die mit ihr ursprünglich durch die Farbenfabrikation im Dienst der Färberei verwandte Chemie verschoben wurde, war damit eingeleitet.» Die Entscheidung sollte sich bald als richtig erweisen: Die Form der Aktiengesellschaft war dem kapitalintensiven Wachstum der chemischen Industrie eher angemessen.

Bei Geigy kam die AG-Gründung erst 1901 zustande, doch auch danach blieb die Firma eine «Familiengesellschaft», da «die sechs einzig vorgesehenen Aktionäre» bis auf einen «in der engen Verwandtschaft» blieben und auch die Geschäftsleitung übernahmen. Die konstituierende Generalversammlung und die anschliessende erste Verwaltungsratssitzung fanden am 12. April 1901 im Hause Geigy-Merians in der Aeschenvorstadt statt, dem heutigen Wohnsitz von Dr. Louis von Planta, der mit einer Urgrosstochter von Geigy-Merian verheiratet ist. Anwesend waren die sechs einzig vorgesehenen Aktionäre, nämlich die vier bisherigen Gesellschafter (Geigy-Merian, Koechlin-Iselin, Geigy-Schlumberger, Geigy-Hagenbach), Dr. Traugott Sandmeyer und Dr. Alfred Wieland. Zwar begann sich der Fabrikant Geigy-Merian bereits in den 1880er-Jahren, von seiner aktiven Rolle zurückzuziehen und die Geschäfte seinem Neffen Carl Koechlin-Iselin (1856–1914) und seinen Söhnen Johann Rudolf

Geigy-Schlumberger (1862–1943) und Carl Geigy-Hagenbach (1866–1949) zu übergeben. Doch die neue Mannschaft hatte nicht dieselben Fähigkeiten und Erfahrungen im Wissenschaftsmanagement wie das Ciba-Direktorengespann. Immerhin vergrösserte sie den wissenschaftlichen Stab von acht (1882) auf vierzehn Chemiker (1888), behielt aber diesen Stand zehn Jahre lang unverändert bei, obwohl sich die Konkurrenz laufend verschärfte.

Auch im Forschungsbereich zeigt sich eine deutliche Verspätung Geigys. Chemiker Alfred Conzetti schreibt rückblickend, die Firma habe vor 1888 nur «ein einziges im Werk gefundenes Neuprodukt fabriziert. Alles andere waren Farbstoffe, die seit Ende der Fünfzigerjahre, das heisst seit dem Entstehen von Anilinfarbenfabriken, im Ausland gefunden worden waren.» Erst mit der Einstellung Traugott Sandmeyers 1888 beginne «die Ära, da auch Geigy sich im Wettstreit des Erfindens mit den grossen deutschen Werken messen darf. Keine zehn Jahre und Geigy wird berühmt und hochgeachtet als wissenschaftliche technische Werkstätte fast allein durch die Leistungen des einen.» Die Leistungen Sandmeyers waren in der Tat einzigartig, denn allein etwa siebzig deutsche Patente gingen auf sein Konto. Besonders wichtig waren seine Arbeiten auf dem Gebiet der Wollfarbstoffe, die er seit 1900 ausführte. Ebenso aussergewöhnlich war sein Werdegang. Nach einer Mechanikerlehre in Zürich richtete er sich zu Hause eine Werkstätte ein, die auch die Laboratorien des Polytechnikums mit Spezialgeräten belieferte. Dabei ergab sich ein näherer Kontakt zu den Professoren, namentlich zu Victor Meyer, der von den technischen und chemischen Fähigkeiten seines Mechanikers so überzeugt war, dass er für ihn 1882 eine neue Stelle als ständigen Vorlesungsassistenten schaffen liess. In dieser Position verblieb Sandmeyer auch unter Meyers Nachfolger Arthur Hantzsch, bis er 1888, dem Wunsch nach technischer Verwertung folgend, in die Firma Geigy eintrat und bis 1918 als Industriechemiker arbeitete.

Die Forschungspolitik bei der Firma Bindschedler & Busch bzw. Ciba folgte bereits früh modernen Strukturen: Infolge der «Auffindung neuer Produkte» erfuhr die Farbenfabrik bereits 1880 «eine weitgehende Neugestaltung». Ciba gehörte zu den ersten Firmen, die in der zweiten Hälfte der Achtzigerjahre diversifizierten und auch seit 1887 Pharmaprodukte herstellten. Geigy konnte sich als letzter Basler Betrieb erst in den 1930er-Jahren zu dieser Diversifizierung durchringen, nachdem die Geschäftsleitung um 1900 noch klar davon abgesehen hatte.

Der Eintritt des ersten Vertreters der Familie Koechlin in die Firma Geigy markierte einen Wendepunkt innerhalb der Firmengeschichte. Die Familie Koechlin stammte ursprünglich aus Stein am Rhein. Am Ende des 16. Jahrhunderts zog der Küfer Hartmann Koechlin-Michler (1572–1611) nach der mit der Eidgenossenschaft verbündeten Stadt Mülhausen im Elsass, wo er 1604 Bürger wurde. Zur besonderen Blüte gelangte sie durch Samuel Koechlin-Hofer (1719–1776), der im Jahre 1746 die erste Indiennefabrik unter der Firma

Koechlin & Schmaltzer errichtete. Erst sein Nachkomme Samuel Koechlin-Burckhardt (1785–1874) zog nach Basel und gründete die Seidenfabrik Koechlin & Sohn. Dessen ältester Sohn wiederum war der Ratsherr Alphons Koechlin-Geigy, der erste Präsident der Basler Handelsbank und Vater von Carl Koechlin-Iselin.

Die Zäsur, die das Jahr 1883 für die Geschichte der Firma J. R. Geigy darstellt, liegt im Eintritt des ersten Vertreters der Familie Koechlin, Carl Koechlin-Iselin (1856–1914). Carl Koechlin war der Neffe Geigy-Merians. Mit seinem Eintritt wurde die Führung des Unternehmens, das bisher von der Familie Geigy geleitet und geprägt worden war, durch einen Angehörigen der Verwandtschaft erweitert. Geigy-Merian selbst wurde durch seine öffentliche Tätigkeit immer mehr in Anspruch genommen.

Das regierende Kollektiv der Firma war ein Kollektiv besonderer Art: Weder wurde es von einer Generalversammlung gewählt oder bestätigt, noch war es jemandem Rechenschaft schuldig. Es legitimierte seine Führung durch Besitz, Bewährung und Tradition. Das Verpflichtende blieb die Familie, die sich in der Firma verkörpert sah. Carl Koechlin-Iselin war der Sohn des Ratsherrn Alphons Koechlin-Geigy. Er konnte nicht in einem väterlichen Geschäft fortwirken. Eine neue Aufgabe in einer neuen Umgebung reizte zur Bewährung, war ein Antriebsmoment. Es liegt hier ein psychologischer Sachverhalt vor. Koechlin-Iselins Veranlagung war die eines praktischen, unternehmenden Menschen. Liebenswürdiger Charme, Witz,

Beredsamkeit, gepaart mit klarem Verstand, Gewandtheit und Schlagfertigkeit, zeichnete seine Person aus. Manche seiner Ideen konnte er verwirklichen: Die Errichtung der Fabrikationsfiliale in Maromme in Frankreich war grösstenteils sein Werk, ebenso die Schaffung der «Manchester Works» (1907) und die Reorganisation der Vertretung in New York (1904). Mit kluger Voraussicht warnte er rechtzeitig (1904) vor einer zu weit gehenden Anlehnung an die deutsche Farbenindustrie. Bei der Umwandlung der Geigyschen Kollektivgesellschaft in eine Aktiengesellschaft (1901) wirkte er ausschlaggebend mit. Die Einrichtung einer wissenschaftlichen Betriebsfärberei entstammte seinen beharrlichen Bemühungen. Andere Pläne und Vorhaben musste er zurückstellen oder aufgeben: Für die Aufnahme der Produktion von Pharmazeutika, von deren Notwendigkeit Koechlin-Iselin überzeugt war,

konnte er die Vertreter der Familie Geigy nicht gewinnen. Man könnte vermuten, dass es beim Gegensatz der Meinungen, bei der höheren Vitalität Koechlins gegenüber den Söhnen Geigy-Merians, Johann Rudolf Geigy-Schlumberger und Carl Alphons Geigy-Hagenbach, zu Auseinandersetzungen gekommen wäre, wobei die unternehmendere Kraft das Erfordernis der Zeit besser zu erkennen glaubte und nach uneingeschränkter Führung trachtete. Nichts von all dem. Die Konstellation der Firma als Familiengesellschaft und verwandtschaftliche Beziehungen schlossen solche Überlegungen von vornherein aus. Koechlin fühlte sich mit der Familie Geigy zu sehr verbunden und ihr zu sehr verpflichtet und zugetan, als dass er etwa vom Angebot der Familie, im nahen Grenzach selbständig die Pharmaproduktion aufzubauen, Gebrauch gemacht hätte.

Alter New Yorker Sitz von Geigy

Die Fabrik in Trafford Park, Manchester, wurde zu einem der wichtigsten Geigy Stützpunkte.

Die Anfänge von Sandoz

In die Zeit der Neuorientierung fiel ein weiteres Ereignis, das bis heute die Struktur der Basler Chemieindustrie prägt: Im Juli 1886 gründeten der ehemalige Ciba-Chemiker Alfred Kern mit 36 Jahren und der kapitalkräftige Basler Kaufmann Edouard Sandoz (1853–1928) mit 30 Jahren die Farbenfabrik Kern & Sandoz. Persönliche Differenzen mit Bindschedler und die mangelnde Anerkennung seiner wissenschaftlichen Leistungen innerhalb des Betriebs hatten Kern veranlasst, Ende 1884 auszutreten und eine eigene Firma aufzubauen. Die Idee, ein selbständiges Werk ins Leben zu rufen, war ursprünglich in der Form geplant, dass die von Kern zu gründende und seinen Namen führende Fabrik mit der Firma Durand & Huguenin eine enge Interessengemeinschaft bilden sollte. Das Bindeglied des Unternehmens war der bei Durand & Huguenin in leitender Stellung kaufmännisch tätige Edouard Sandoz-David, der sich unter Beibehaltung seines bisherigen Postens bei Durand & Huguenin an der Neugründung mit 200 000 Franken zu beteiligen verpflichtete. Neben der Fabrikation solcher Artikel, die bisher von Durand & Huguenin hergestellt worden waren, sollten besonders neue, selbst gefundene Fabrikate treten, für deren Vertrieb Durand & Huguenin die alleinigen Kommissionäre sein sollten. Verlust und Gewinn sollten zu gleichen Teilen von Dr. Kern und E. Sandoz übernommen werden, indessen sollte Letzterer zwei Drittel seines Gewinnanteils an Durand & Huguenin für deren Kommission abtreten.

Am 1. Juli 1886, mit der Eintragung in das Basler Handelsregister, eröffnete die Fabrik ihren Betrieb mit zehn Arbeitern und einem Dampfmotor von fünfzehn Pferdekräften! Nicht als Zweiggeschäft der chemischen Fabrik Durand & Huguenin, wie es eigentlich vorgesehen war, sondern als durchaus selbständige Kollektivgesellschaft unter dem Namen Kern & Sandoz. Denn mittlerweile war Edouard Sandoz bei Durand & Huguenin ausgetreten, um mit Dr. Kern allein die Gründung zu vollziehen. Die Forschungspolitik folgte demselben Muster wie diejenige von Ciba: Mit der Anstellung von Arnold Steiner (1863–1949) und Melchior Böniger (1866–1929), die beide wie Bindschedler, Kern und Gnehm das Polytechnikum absolviert und ein paar Jahre eine Assistenzstelle innegehabt hatten, gewann er zwei Elitechemiker für seine Firma. Nach Kerns frühem Tod 1893 gelang es den beiden mit Unterstützung von Verwaltungsratsvizepräsident Gnehm, der nach der AG-Gründung der Firma Sandoz (1895) aus Ciba ausgetreten war, die Kontinuität des wissenschaftlich-technischen Betriebes zu gewährleisten.

Im Jahre 1917 wurde Arthur Stoll mit dem Aufbau einer pharmazeutischen Abteilung betraut. In langjähriger enger Zusammenarbeit mit seinem Lehrer, dem Nobelpreisträger Prof. R. Willstätter, hatte er bei seinen Forschungen über Chlorophyll Methoden ausgearbeitet, die sich für die Reindarstellung der Wirkstoffe von Arzneidrogen als ausserordentlich fruchtbar erweisen sollten. Stoll nahm 1917 seine Mutterkornuntersuchungen auf, um das wirksame Prinzip des bereits seit einigen Jahrhunderten in der Volksmedizin verwendeten «Gebärpulvers» (Pulvis parturiens) aufzufinden.

Stoll konnte in Zusammenarbeit mit Klinikern den Beweis erbringen, dass das neu entdeckte Alkaloid Ergotamin Träger der Mutterkornwirkung ist. Zum ersten Mal war nun ein zuverlässiges Präparat vorhanden und damit das Gespenst der gefürchteten Nachgeburtsblutungen gebannt.

In der Folge konnten Präparate entwickelt werden, welche die Migräneanfälle kupieren konnten. Es folgte Bellergal, ein vegetativer «Stabilisator», Hydergin und andere. Eine Zufallsentdeckung war im Rahmen der Forschung auf dem Gebiet der Beeinflussung zentraler psychischer Vorgänge die Entdeckung der Psychose und Halluzinationen erzeugenden Wirkung von Delysid (LSD 25). Zwar hatte Delysid keinen direkten therapeutischen Wert; es eröffnete aber den Zugang zu anderen medikamentösen Hilfsmitteln in der Psychoanalyse und in der Psychotherapie. Mit der Delysid-Entdeckung hat die Sandozforschung das Gebiet der psychisch wirksamen Stoffe betreten. Von da führte der Weg über die Erforschung des «heiligen» Pilzes Teonanácatl zur Untersuchung der mexikanischen Zauberdroge Ololiuqui, in der erstmals in einer höheren Pflanze Mutterkornalkaloid-Derivate gefunden wurden, wodurch sich ein Kreis in der Mutterkornforschung schloss.

Die Forschungen auf dem Gebiet der herzwirksamen Glykoside begannen ebenfalls mit der Beobachtung der Natur. Aus diesen Beobachtungen in Mexiko und anderenorts, unter anderem bei «heiligen Zauberdrogen» oder Pfeilgiften, bei Pilzen etc. sind wertvolle Er-

Edouard Sandoz (1853–1928)

kenntnisse für neue Medikamente einschliesslich dem Transplantationsprodukts Sandimmun entstanden.

Auch Durand und Huguenin bauten einen kleinen Forschungsstab auf, spezialisierten sich erfolgreich auf einige Qualitätsfarbstoffe und erweiterten ihre Produktionspalette noch vor Ciba mit Pharmaprodukten. Gerber & Uhlmann schlug hingegen erfolglos diesen industriellen Sonderweg ein: 1896 musste die Firma in die Fusion mit Ciba einwilligen.

Die Anfänge von Roche

Mit Roche leuchtete ein neuer Stern am Basler Pharmahimmel auf. Fritz Hoffmann wurde am 24. Oktober 1868 als drittes Kind des Friedrich Hoffmann und der Anna Elisabeth Merian in Basel geboren. Beide Eltern stammten aus alten Basler Geschlechtern, Friedrich aus der schon erwähnten, seit dem 17. Jahrhundert in der Seidenbandfabrikation führenden Familie Hoffmann und seine Frau aus der Familie Merian, die ebenfalls seit dem 17. Jahrhundert immer wieder grosse Handelsherren hervorbrachte. Ihr Grossvater war der königliche Kaufmann Jean-Jacques Merian gewesen, der zusammen mit seinem Bruder Christoph in kühnen Operationen gegen Napoleons Kontinentalsperre ein gewaltiges Vermögen erwarb. Christophs einziger, kinderloser Sohn Christoph (1800–1858) errichtete durch sein Testament die grosse, für die Stadt Basel bis heute bedeutsame Christoph-Meriansche Stiftung. Friedrich Hoffmann-Merian hatte 1856 eine Kaufmannslehre in der Farbwaren- und Drogenhandelsfirma von Carl Geigy-Preiswerk, der Vorläuferin der Teerfarbenfabrik J. R. Geigy & Co., begonnen, aber wieder abgebrochen. Er beendete sie im väterlichen Geschäft, der alten Hoffmannschen Bandfabrik, und betätigte sich anschliessend in Italien, England, Nord- und Südamerika im Seidenhandel. 1894 wurde durch Fritz Hoffmann und Max Carl Traub die Basis gelegt für einen Pharmakonzern, der nicht direkt auf der Farbenindustrie aufbaute.

F. HOFFMANN-LA ROCHE
BEGRÜNDER DER FIRMA
F. HOFFMANN-LA ROCHE & CO
CHEMISCHE FABRIK
BASEL

Fritz Hoffmann machte nach einer Banklehre eine zusätzliche Ausbildung in der Drogerie Bohny, Hollinger & Cie. in Basel. Daran schloss sich je ein Jahr bei einer Chemikalienhandelsfirma in London und im Drogenhandel in Hamburg an, wo er die grosse Choleraepidemie von 1892 mit ihren massenhaften Opfern und bedrückenden Leichentransporten drastisch miterlebte.

1889 hatten Bohny, Hollinger & Cie. das 3190 Quadratmeter grosse Areal im Kleinbasel erworben. Es lag zwischen Rhein und Grenzacherstrasse unmittelbar neben dem Landgut «Solitude», das einem Onkel von Fritz Hoffmann gehörte. Bohny und Hollinger errichteten hier nun einen kleinen Betrieb zur Herstellung von pharmazeutischen Extrakten, Salben, Pillen, ätherischen Ölen, Leinölfirnis und Bodenwichse. Als Leiter hatten sie den erfahrenen Münchner Apotheker Max Carl Traub (1855–1919) gewonnen, der schon früher in Basel gearbeitet hatte und dann mehrere Jahre in Bern an der Staatsapotheke und als Leiter des Laboratoriums der Drogerie Carl Haaf tätig gewesen war und auch wissenschaftlich publizierte.

Schon während seiner Lehrzeit hatten sich Fritz Hoffmann und sein Vater besonders für dieses Laboratorium interessiert. Sie unterstützten Traub bereits, als er 1892 den kleinen Betrieb mit sechs oder sieben Mann unter der Firma M.C. Traub zu verselbständigen begann. Die Liegenschaft samt Einrichtungen verblieb jedoch noch im Besitz von Bohny, Hollinger & Cie. Im folgenden Jahr beteiligte sich dann Hoffmann-Merian mit einer Kommandite von 200000 Franken bei Bohny, Hollinger & Cie., um dem Sohn dort eine Position als Prokurist zu verschaffen. Bald kam es jedoch zu Spannungen zwischen den Chefs, die ihr Geschäft gut, aber konservativ führten, und dem neuerungslustigen jungen Mann. Man trennte sich, indem Hoffmann zusammen mit Traub die kleine Fabrik übernahm. Am 31. März 1894 wurde die Kommanditgesellschaft Hoffmann, Traub & Co. für Fabrikation und Handel mit pharmazeutischen und chemischen Präparaten und Produkten gegründet. Unbeschränkt haftende Teilhaber waren Fritz Hoffmann-La Roche und M.C. Traub, Kommanditär mit 180000 Franken der Vater Hoffmann-Merian. Fritz Hoffmann Junior brachte 70000 Franken ein und Traub alle bestehenden Verträge, Patente und Fabrikationsmethoden sowie die Absicht, möglichst bald 100000 Franken einzuzahlen. Fritz Hoffmann sollte die kaufmännische, Traub die technische Leitung übernehmen. Schon am folgenden Tag erwarb die Gesellschaft für 90000 Franken die ganze Liegenschaft samt Bauten und Einrichtungen.

Doch der Geschäftsgang war schlecht, und trotz grosser Sparsamkeit und Beschränkung auf die gängigen Produkte, vor allem Drogenextrakte, war kein Erfolg in Sicht, im Gegenteil, die Lage wurde immer schlimmer. Das veranlasste die Basler Handelsbank 1897, den Kredit von 500000 Franken zu kündigen, und den schwer kranken Vater Hoffmann-Merian, vom Sohn die Liquidation des jungen Unternehmens zu verlangen. Der Sohn sollte in einem Zementwerk im Jura eine neue Existenz finden. Doch gelang es schliesslich dem jungen Fritz Hoffmann und seinem kaufmännischen Mitarbeiter Eduard Hentz in ihrem Zukunftsglauben, den Vater von den Chancen der pharmazeutischen Industrie und der Möglichkeit einer Reorganisation zu überzeugen. Dieser versuchte noch, wenn auch vergeblich, Adalbert Mylius-Gemuseus, Teilhaber bei J.R. Geigy in Basel, zur Mithilfe zu gewinnen, starb aber schon im Juli 1897, eben, als sich eine leichte geschäftliche Besserung abzuzeichnen begann. Doch dann fand sich in Carl Meerwein (1851–1937) ein geeigneter Interessent.

Fritz Hoffmann schrieb zu seinen und seines Vaters Lasten nahezu das ganze Eigenkapital von über 400 000 Franken ab und übernahm persönlich die noch ausstehenden Verpflichtungen der Firma. Im Herbst 1897 brachten Hoffmann und Meerwein als unbeschränkt haftende Gesellschafter je 200 000 Franken ein und die Mutter Hoffmann-Merian 100 000 Franken sowie der Schwiegervater Alfred La Roche 300 000 Franken als Kommanditäre. Vom verbleibenden Ergebnis gingen darauf 50% an Fritz Hoffmann und seine Mutter sowie je 25% an Carl Meerwein und Alfred La Roche. Die Banken räumten erneut Kredite ein, und Ende 1899 wies F. Hoffmann-La Roche & Co. den für lange Jahre letzten, legendär gewordenen Verlust von Fr. 181.57 aus.

Anfänglich mit Fabrikation und Forschung, bald aber mit überhaupt allen wesentlichen Problemen der Firma befasste sich der 1896 eingetretene junge Chemiker Dr. Emil Christoph Barell. Er wurde rasch zur unentbehrlichen rechten Hand Fritz Hoffmanns und nach dessen Tod zu dem Manne, der das Haus F. Hoffmann-La Roche & Co. und seine Entwicklung zum Pharmaweltkonzern in ganz einzigartiger Weise prägte.
1898 gelangten sowohl der Thiocol-Sirup unter dem Namen Sirolin als auch der nach demselben Prinzip aus sulfuriertem Kreosot hergestellte Sulfosot-Sirup als Vorbeugungsmittel gegen Tuberkulose und Erkältungen auf den Markt. Beide fanden Anklang, doch das angenehme Sirolin schlug ganz besonders ein

und erreichte dank der intensiven Werbung Hoffmanns immer weitere Verbreitung. 1898 verkaufte man über 700 Flaschen, 1899 waren es 33 000 und 1900 sogar 78 000. Derart ging es weiter bis zu über einer Million Flaschen im Jahre 1913.

Solche Mengen konnten in Basel, wo ein Geleiseanschluss fehlte, nicht mehr bewältigt werden. Darum musste die Herstellung von Thiocol und Sirolin schon bald nach Grenzach verlegt werden. Dies zog schliesslich bis 1910 praktisch die ganze Fabrikation von F. Hoffmann-La Roche & Co. mit sich dorthin. Nach einem kriegsbedingten Rückgang erholte sich der Sirolin-Absatz wieder und hielt sich rund sechzig Jahre. Spätere Untersuchungen ergaben allerdings, dass der therapeutische Wert von Thiocol und Sirolin sehr gering war. Das führte zur Aufgabe dieses Erfolgspräparates. Doch in den Anfangsjahren bildete dieser erste Renner von Roche die entscheidende Basis und Aufmunterung sowohl für Fritz Hoffmann und seine Mitarbeiter, selbst nach weiteren Mitteln zu suchen, als auch für die medizinische Welt, mit Anregungen für neue Präparate an Roche heranzutreten. Wie weit dabei jeweils der Kontakt mehr von den Hochschullehrern oder von Roche aus gesucht wurde, ist heute nicht mehr zu erhellen. Jedenfalls wurden die erfolgreichen Präparate zwischen 1900 und 1914 alle von Hochschullehrern und ihrem Umkreis angeregt und von den Roche-Chemikern im Blick auf ein praktikables Herstellungsverfahren und ein brauchbares Medikament weiterentwickelt.
F. Hoffmann-La Roche & Co. wurde in den Jahren vor dem Ersten Weltkrieg vom Gründer mit einem Teilha-

ber und ersten Mitarbeitern, die sich gut ergänzten, hervorragend geführt. Von Feinchemikalien, insbesondere Alkaloiden, Organextrakten usw. und dem populären Sirolin verschob sich die Produktepalette immer mehr zu ausgezeichneten Arzneimittelspezialitäten.

Dabei spielten nicht allein wichtige Forschungsresultate mit, sondern auch die unlösbaren Probleme, die die gleichzeitige Propaganda populärer und wissenschaftlicher Erzeugnisse für eine noch kleine Firma bot. Als kleiner Produzent in einem kleinen Lande, der auf grossen Auslandabsatz angewiesen war, betrieb Hoffmann eine rasche Vorwärtsintegration bis an die Ärzte und Apotheker verschiedenster Länder heran. Der rasante Aufbau eines weltweiten Netzes von eigenen Beratungsbüros, Vertriebs- und teilweise auch Fabrikationsgesellschaften war damals einzigartig und förderte den Verkaufserfolg entscheidend. Die wenigen riskanten Ansätze zur Rückwärtsintegration in die Rohstoffversorgung wurden bei Misserfolgen, wie bei der Phenolproduktion, rasch wieder abgebrochen oder blieben, wie die Tee- und Cocasträucherplantage in Ceylon und die Kohlenzeche in Deutschland, eine nicht weiter ausgebaute, mit ihm endende Privatangelegenheit Hoffmanns. Die gute und rationelle Produktion verlagerte man aus denselben Gründen, die zum weltweiten Verkaufsnetz führten, immer mehr ins nahe Grenzach im damals chemisch tonangebenden Deutschland. Auch wenn die zentralen Dienste in Basel blieben, wurde damit das Unternehmen höchst verletzlich – eine Verletzlichkeit allerdings, an die bis in den Sommer 1914 niemand ernsthaft dachte.

Der Hustensirup «Sirolin» war anfänglich wegen seines chemischen Geschmacks nicht besonders beliebt. Da erinnerte sich Fritz Hoffmann daran, bei der grossen Cholera-Epidemie von 1892 in Hamburg als Vorbeugungsmittel Cognac mit Orangensaft getrunken zu haben. Dank «aromatischer Beigaben» wurde dann das verbesserte «Sirolin» während Jahrzehnten zum grossen Roche-Schlager.

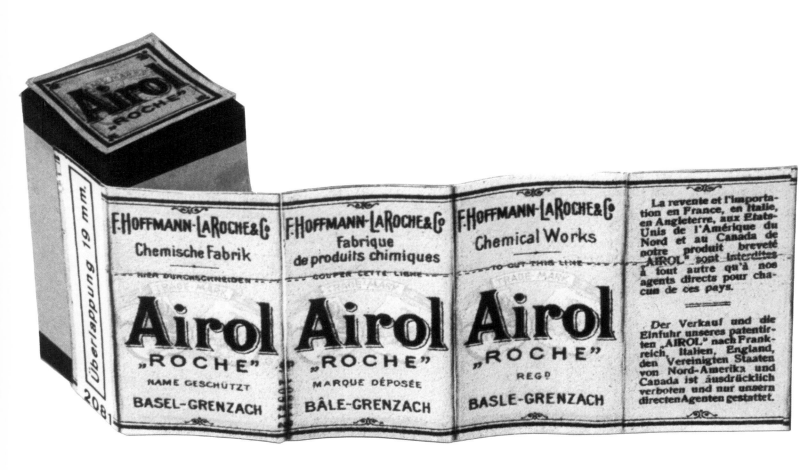

«Airol», ein jodhaltiger Wundpuder, wurde aus patentrechtlichen Gründen ab 1896 im Roche-Werk Grenzach fabriziert. Zum Schrecken von Ärzten und Patienten verfärbte sich das grüne Pulver in Verbindung mit dem Blut einer Wunde in ein grellgiftiges Gelb. Aber die findigen Chemiker wussten schnell Rat …

Eine neue Unternehmenskonzeption Barells kündigte sich schon 1920 an mit Professor Dr. Max Cloëttas Wahl in den Verwaltungsrat und mit den drei anderen, davon Dr. Robert Boehringer, die Barell in die Geschäftsleitung nachzog. Robert Boehringer (1884–1974) war Kunsthistoriker und Volkswirtschafter und wirkte nun während zehn Jahren als engster Mitarbeiter Barells. Er stammte aus einer alten süddeutschen Apotheker- und Industriellenfamilie, und sein Vater, Dr. A. Boehringer, war von 1897 bis 1899 mit wenig Glück bei Roche Grenzach tätig gewesen. Schon in jungen Jahren setzte sich Robert Boehringer im Unternehmen seines Onkels, C. H. Boehringer Sohn, Ingelheim, ein, und leitete dort Fabrikation und Verkauf von Chemikalien und Alkaloiden. Seine Berufung nach Basel entsprang offensichtlich der Absicht Barells, mit Hilfe dieses beeindruckenden Mannes unter anderem auch das Geschäft mit Alkaloiden auszubauen.

1933 bot Tadeusz Reichstein (geboren 1897), damals Assistent bei Prof. Ruziska an der ETH, Roche eine technisch verwertbare Synthese von Vitamin C (l-Ascorbinsäure) an, weil er wusste, dass Roche auf dem Vitamingebiet intensiv forschte. Die Isolierung dieses Antiskorbutvitamins war nach langem Suchen 1932 dem Ungarn A. Szent-Györgi gelungen, und Roche war drauf und dran, dessen Methode der Vitamin-C-Gewinnung aus Paprika zu übernehmen. Doch Reichsteins in kürzester Zeit neben seinen andern Aufgaben erarbeitete geniale Synthese erwies sich als viel zukunftsträchtiger, wie Guggenheim und Barell rasch erkannten. Mit ihr begann die eigentliche Vitaminfabrikation

bei Roche, und sie wird trotz unzähliger Verfahrensverbesserungen in den Grundzügen heute noch weltweit verwendet. Allerdings beurteilte Barell damals das Vitamin C noch als ein selten gebrauchtes Biochemikum, von dem man höchstens zehn Kilogramm pro Jahr verkaufen könne, und war sehr überrascht, als es sich schon nach einigen Monaten als ein höchst begehrtes Produkt erwies. Wenige Jahre später wurden tausend Kilogramm pro Monat und bald noch viel mehr hergestellt. Erst dieser rasche handgreifliche Erfolg des Vitamins C scheint Barell vollends zu den Vitaminen und zu einer Forschungsförderung bekehrt zu haben, wie sie kurz vorher noch undenkbar gewesen wäre. Damit brach bei Roche eine neue Epoche an, in der schöne Forschungsbauten mit gut eingerichteten Laboratorien an die Stelle der bisherigen primitiven Einrichtungen traten. Reichstein aber erhielt aufgrund seiner weiteren Arbeiten über die Hormone der Nebennierenrinde 1950 den Nobelpreis.

Die Veränderung der internationalen Chemiewirtschaft durch den Ersten Weltkrieg

Der Erste Weltkrieg brachte für die chemische Industrie entscheidende Umwälzungen. Rohstoffmangel führte zur Entdeckung neuer synthetischer Verfahren. Länder, deren chemische Industrie vor dem Kriege in den Anfängen steckte oder einseitig war, sahen sich durch die Anforderungen des Krieges und durch den Wegfall vorheriger Bezugsquellen gezwungen, die eigenen Industrien auszubauen. Deutschlands chemische Vormachtstellung wurde entthront. In England, Frankreich, den Vereinigten Staaten, Japan und Italien wurden mit Unterstützung des Staates chemische Unternehmen aufgebaut, die nach dem Kriege mit ihrem Angebot an chemischen Erzeugnissen den Weltchemiehandel neu aufteilten.

Vor 1914 waren die deutsche und die schweizerische Farbstoffindustrie auf allen Märkten führend. Deutschlands Anteil an der Weltproduktion von Farbstoffen und somit am Weltabsatz mag sich auf ungefähr 85%, derjenige der Schweiz auf 8 bis 10% beziffert haben. In den Rest teilten sich die englischen, französischen, holländischen und amerikanischen grösseren und kleineren Farbstofffabriken. Die Folgen der durch den Ersten Weltkrieg herbeigeführten Veränderungen der internationalen Chemiewirtschaft machten sich innerhalb der schweizerischen Farbstoffproduktion unter anderem in einer Verlagerung zur Qualitätsproduktion bemerkbar. Ausländischer Konkurrenz konnte nur durch bessere Qualität begegnet werden.

Ein Bild wie auf einem Ozeanschiff: Im Geigy-Kesselhaus liefern riesige Öfen «Betriebsdampf».

Produktion von Farbstoffen bei Ciba

Für die chemische Industrie in England waren die Auswirkungen des Krieges umwälzend. «The war of 1914–1918 completely revolutionized the chemical industry and marked the end of an epoch.» Erst 1891 wurde in der britischen chemischen Industrie das erste wissenschaftliche Laboratorium eingerichtet, und erst 1915, aufgrund der Erfordernisse des Krieges, schuf die britische Regierung das Department of Scientific and Industrial Research. Daraus ging 1925 unter anderem das Chemical Research Laboratory hervor, welches in enge Zusammenarbeit mit der Industrie gebracht wurde.

Der Krieg und seine Folgen förderten zudem die Konzentrationsbewegung innerhalb der chemischen Industrie. Mit dem Zusammenschluss der Firmen Read Holliday, Levinstein und einer ganzen Anzahl kleinerer Unternehmungen ging aus dem Krieg die British Dyestuffs Corporation Limited hervor. 1926 bildete sich die Imperial Chemical Industries Limited (ICI), die die Mehrheit der Chemiegesellschaften (Nobel Industries, British Dyestuffs Corporation, United Alkali Company, Brunner Mond & Co.) zusammenfasste und innerhalb des Empires die grösste industrielle Organisation darstellte. Die amerikanische Farbstoffindustrie ist mit dem Ersten Weltkrieg erst eigentlich geschaffen worden.

In Basel wurde bei Geigy wegen des Mangels an Zwischenprodukten die Erstellung einer eigenen Zwischenproduktefabrik ernsthaft erwogen. Doch nahm man davon Abstand, sicherte sich hingegen in Schwei-

zerhalle einen umfangreichen Landkomplex und arrondierte das Rosentalgelände durch sukzessive Landkäufe. Während des Krieges wurden zudem verschiedene Bauten in Angriff genommen. Ein Fabrikationslokal für Azofarbstoffe konnte 1916 dem Betrieb übergeben werden. 1917 folgten ein Kesselhaus, eine Trocknerei und ein Magazin und 1918 zwei Fabrikationslokale und ein Rohstoffmagazin.

Vergleicht man die Umsatzzahlen der fünfeinhalb Vorkriegsjahre (30. Juni 1908 bis Ende 1913) und der Kriegsjahre 1914 bis 1917 von Ciba, Sandoz und Geigy, ergibt sich folgendes Bild: Vor dem Kriege betrugen die durchschnittlichen Umsätze pro Jahr bei Ciba 10 750 000 Franken, bei Sandoz 3 106 000 Franken und bei Geigy 7 670 000 Franken. Geigy verzeichnete demnach einen um mehr als das Doppelte höheren Umsatz als Sandoz. Während des Krieges lauten die Zahlen für Ciba 69 141 000 Franken, für Sandoz 45 705 000 Franken und für Geigy 16 992 000 Franken. Die verhältnismässig schwache Umsatzsteigerung bei Geigy ist auf mehrere Umstände zurückzuführen.

Der Ausfall der Produktionstätte in Grenzach in der zweiten Kriegshälfte machte sich naturgemäss fühlbar. Ciba und Sandoz hatten ihre wichtigsten Produktionsstätten in Basel konzentriert. Der konservative Grundzug der Geschäftsleitung bei Geigy liess die Chancen, die sich durch die kriegerische Auseinandersetzung ergaben, nicht genügend erkennen.

Zwischen den beiden Weltkriegen: Die Interessengemeinschaft Ciba, Sandoz und Geigy

Die Veränderungen der Weltchemiewirtschaft im und durch den Ersten Weltkrieg wirkten sich auch in organisatorischer Hinsicht auf die Basler Chemie aus. Man war sich schon während des Krieges bewusst, dass die in England, Frankreich, Italien, Japan und in den Vereinigten Staaten neu erstellten Farbstofffabriken nach dem Friedensschluss als Konkurrenten auf dem Farbstoffmarkt auftreten würden. Um dieser zukünftigen Gefahr zu begegnen und um der durch den Krieg geschaffenen prekären Rohstofflage entgegenzusteuern, fanden sich 1917 die Vertreter von Ciba, Sandoz und Geigy zur Diskussion über die Gründung einer gemeinsamen Zwischenproduktefabrik zusammen.

Schon 1916 hatte die Ciba beschlossen, eine eigene Fabrik für Zwischenprodukte zu erstellen und dabei die Absicht bekundet, die beiden anderen Firmen zur Beteiligung einzuladen. Damals wurde auch der Gedanke wach, dass die Spezialisierung in der Produktion der Fertigfabrikate und eine Verständigung in Bezug auf den Verkauf und auf die ausländischen Zweigfabriken von Nutzen sein könnte. Dies musste aber, nach Meinung von Ciba, die Bildung einer Interessengemeinschaft zur Voraussetzung haben.

Die Parteien waren sich von vornherein einig, dass in der vorgesehenen Interessengemeinschaft die Selbständigkeit der einzelnen Firmen fortzubestehen habe. Der Zweck wurde darin gesehen, durch geeignete Zentralisierungs- und Rationalisierungsmassnahmen eine Zusammenfassung der Kräfte und Interessen der drei Firmen zur Wahrung der gemeinsamen Positionen im Konkurrenzkampf zu erreichen. Als geeignetster Garant des Zweckes wurde ein Gewinnpool erachtet, in den die Bruttoerträgnisse einzubringen und nach Massgabe eines vertraglich festgelegten Quotenanteils, der aufgrund der Umsätze errechnet werden sollte, zu verteilen seien.

Am 7. September 1918 kam es zum Vertragsabschluss. Die Quote der Ciba wurde auf 52% festgelegt. Für Sandoz und Geigy sah der Vertrag eine Übergangsperiode vor, indem für 1918 die Quote von Sandoz auf 32%, diejenige von Geigy auf 16% angesetzt wurde, für 1919 die Quote von Sandoz auf 28% und diejenige von Geigy auf 20%; von 1920 an sollte der Anteil Geigys 26,5%, derjenige von Sandoz 21,5% betragen (Artikel 2). Diese schrittweise Annäherung an die definitive Quotenaufteilung war deshalb nötig, weil die Umsätze Sandoz' während des Krieges und unmittelbar nachher stark gestiegen waren.

Man nahm an, dass durch die Wiederinbetriebsetzung Grenzachs und durch das Abflauen der Kriegs- und Nachkriegskonjunktur das Umsatzverhältnis Geigy – Sandoz sich innerhalb der festgesetzten Quote bewegen werde. Diese Annahme erwies sich als falsch, sodass im April 1919 der Vertrag abgeändert und die Quoten von 1920 an für Sandoz und für Geigy auf je 24% angesetzt wurden. In der Verwendung der Gewinnquote sollte jede Firma freie Hand haben.

Der Vertrag war ein Wagnis. Es ist eine Erfahrungstatsache, dass eine Interessengemeinschaft zwischen

Fünf sorgsam nummerierte Mitarbeiter des Roche-Postbüros im alten Gebäude 10. Der Herr links trägt bereits einen «Reformkragen»,
der Gentleman im Hintergrund (Nr.2) noch einen «Vatermörder». Bei der Schreibmaschine im Vordergrund dürfte es sich um eine Remington-
(mehr oder weniger …)-Noiseless handeln – ergo wurde die «Momentaufnahme» wohl um 1910 geknipst.

Farbkesselhaus bei Ciba

expandierenden Industriefirmen, die eine Vielzahl von Produkten herstellen und dauernd neue, in ihren Folgen unabsehbare Erfindungen zu verwerten haben, entweder zu einer Fusion führen oder an ihren inneren Voraussetzungen scheitern muss. Die Firmen der deutschen Interessengemeinschaft fusionierten; der Grund lag vor allem in den sich auseinander entwickelnden Ertragskapazitäten. Die Basler Interessengemeinschaft als solche scheiterte; sie hatte von vornherein, dem heterogenen Charakter und dem Unabhängigkeitswillen der beteiligten Firmen entsprechend, eine Fusion ausgeschlossen.

Von den Dreissigerjahren an mussten Sandoz und Ciba immer grösser werdende Ausgleichszahlungen an Geigy leisten, was dann zusammen mit anderen Schwierigkeiten zur Auflösung der IG führte. Mit Wirkung ab 31. Dezember 1951 wurde der IG-Vertrag durch schiedsgerichtliches Urteil als beendet erklärt. Wohl standen sich bei Vertragsabschluss juristisch gleichartige Unternehmen gegenüber, soziologisch unterschieden sie sich jedoch wesentlich. Eine Familienfirma wie Geigy, deren Existenz und Geschäftspolitik noch vorwiegend durch die Absichten, Dispositionen und Verhaltensweisen der Familienmitglieder bestimmt war, stellte grundsätzlich etwas anderes dar als eine Aktiengesellschaft, die ihr Handeln von vornherein nach objektiven, das heisst marktfunktionellen Gesichtspunkten ausrichtete. Die Leitung der Firma Geigy befand sich in jener Zeit praktisch in den Händen der fünften Geschäftsgeneration der Familie. Als familiäre Möglichkeit aber hatte das Unternehmen damals seinen Höhepunkt überschritten. Erhaltung und Festigung der bisherigen Position, und nicht industrielle Ausdehnung durch Aufnahme neuer Produktionsgebiete, war das primäre Anliegen. Die Firma Geigy war keine anonyme Erwerbsgesellschaft, die aus innerer Notwendigkeit die Erwerbskapazität stetig zu erweitern hatte; vielmehr stand in einem gewissen Sinne die naturale, standesgemässe Versorgung und Sicherung der Familie im Vordergrund.

Es ist für das Geigysche Unternehmen symptomatisch, dass interne Schwierigkeiten in jenem Moment aufzutauchen begannen, als durch die Interessengemeinschaft Investitionen in Übersee geplant wurden, die erhöhte finanzielle Mittel erforderten und eine Kapitalerhöhung notwendig machten. Der hier zu erörternde Fall betrifft die Gründung der Fabrik in Cincinnati in den Vereinigten Staaten. Die Lage auf dem amerikanischen Farbstoffmarkt liess in jener Zeit die Erstellung einer Fabrik günstig und notwendig erscheinen. Günstig deshalb, weil die amerikanische Farbstoffindustrie noch weitgehend am Anfang stand, notwendig, weil die amerikanischen Farbstoffzölle ein Ausmass zu erreichen begannen, das die Einfuhr schweizerischer Produkte in Frage stellte.

In der denkwürdigen Verwaltungsratssitzung vom 9. März 1920 kam bei Geigy der Plan zur Sprache. Mit Unterstützung der Vertreter der jüngeren Generation befürwortete Carl Koechlin das Projekt in einem längeren Votum. Geigy-Hagenbach verhielt sich ablehnend. Geigy-Schlumberger war unentschlossen. Für ihn

Als Fabrikkamine noch den Stolz eines Industrieunternehmens verkündeten.

stellte sich das Problem anders als für Carl Koechlin. Er sah, dass die «Weiterführung des bisherigen Familiengeschäftes ausser Frage komme», was bei ihm «begreiflicherweise etwas schmerzliche Gefühle auslöst», wobei er sich jedoch den rationalen Argumenten Koechlins und anderer Herren nicht verschloss.

Die industrielle Expansion im Zusammenhang mit der Gründung der Interessengemeinschaft erforderte neue Mittel; durch die Kapitalerhöhung von 4 auf 5 Millionen im Jahre 1918 und von 5 auf 7,5 Millionen Franken im Jahre 1920 sowie durch die Aufnahme einer Obligationenanleihe von 3 Millionen Franken im Jahre 1918 wurde dieser Notwendigkeit entsprochen. Die Finanzierung der neuen Aufgaben geschah damit nicht mehr ausschliesslich durch die Familie, obwohl eine Eigenfinanzierung die Finanzkraft der Familie Geigy nicht gesprengt hätte. Vielmehr war man nicht mehr ohne weiteres bereit, neue industrielle und finanzielle Risiken auf sich zu nehmen. Die Tatsache der Fremdkapitalaufnahme in Form einer Obligationenanleihe war dem Wesen und der Idee der Familiengesellschaft konträr, und obwohl der Familie die Aktienmehrheit weiterhin gesichert blieb, bedeutete diese durch die Interessengemeinschaft ausgelöste Entwicklung den ersten Schritt zur Auflösung der übernommenen Kapitalstruktur.

Gleich zu Beginn der Interessengemeinschaft wurden aufgrund des Vertrages Vereinbarungen über die Produktionsgebiete getroffen, die für die Entwicklung der Firmen im Laufe der drei Jahrzehnte des Bestehens der IG folgenschwer geworden sind. Zur Zeit des Vertragsabschlusses besassen Ciba und Sandoz pharmazeutische Abteilungen. Aus schon dargelegten Gründen, die bis in die Dreissigerjahre nachwirkten, hatte man bei Geigy die pharmazeutische Produktion nicht aufgenommen. Der grossartigen Entwicklung, die sie vor allem bei Sandoz nahm, konnte Geigy trotz mannigfachen Bemühungen (Strassenbaustoffe, Ledergebiet) nichts Gleichwertiges entgegenstellen. Da Ciba das wichtige Gebiet der Küpenfarbstoffe schon in Bearbeitung hatte, überliess man ihr deren Produktion, wobei im Laufe der Jahre die Azetatseidenfarbstoffe, die Farbbasen, Naphthole, Tinogene und Tinogenalfarbstoffe dazukamen. Sandoz behielt sich die ebenfalls bedeutend gewordenen Alizarinfarbstoffe vor. Geigy erhielt die weitere Produktion und Bearbeitung der Eriochromschwarzfarben sowie der Lackfarbstoffe zugesprochen; später schlossen sich die synthetischen Gerbstoffe an.

Im Zeitpunkt, als sich die Partner über die Zuweisung von Produktionsgebieten verständigt hatten, war es unmöglich, die Folgen dieser Zuweisungen und die verschiedenen Entwicklungen der Arbeitsgebiete abzuschätzen. Die Verkäufe von Erzeugnissen ausserhalb des Farbstoffgebietes, einschliesslich der Pharmazeutika, betrug 1920 kaum 10% des Gesamtumsatzes der drei Firmen, 1930 betrug er rund 27%, 1940 rund 44%, 1945 rund 54%. Von 1920 bis 1930 entwickelten sich die Erwerbskapazitäten ungefähr im Verhältnis der Quoten. Seit 1930 zeigte sich eine immer mehr zu Ungunsten Geigys ausfallende Ertragsdiskrepanz. Dies ist dem ungeahnten Aufschwung der Pharmazeutika und der sich in ihrer kommerziellen und wissenschaftlichen Entwicklung äusserst fruchtbar erweisenden Gebiete der Küpenfarbstoffe und Alizarine zuzuschreiben. Dass diese Gebiete den beiden anderen Firmen überlassen worden waren und dass die Anfrage Geigys wegen einer Aufnahme der Pharmaproduktion im Jahre 1933 von Ciba und Sandoz ablehnend beantwortet wurde, sind unter anderem die Ursachen, die die hohen Auszahlungen an Geigy bewirkten.

Da von der Forschung immer Impulse ausgehen, die auch für entferntere Gebiete wertvoll werden können, war Geigy dadurch in einer gewissen Beziehung behindert. Man erkannte allgemein 1918 die Möglichkeit zur Entwicklung der relativ neuen Gebiete der Küpenfarbstoffe und der nach Gründung der IG an Sandoz zugeteilten Alizarine nicht in ihrer vollen Tragweite und verliess sich anscheinend hinsichtlich der Stellung Geigys darauf, dass die Firma als Erfinder und technisch führender Fabrikant von Eriochromschwarz T und anderen Eriochromfarben auf dem Farbstoffgebiet ohnehin eine gute Einnahmequelle haben würde. Rückblickend kann gesagt werden, dass im Vertrag drei im Grunde nicht vereinbare Gesichtspunkte enthalten waren:
1. Man liess den drei Firmen grosse Freiheiten in ihrer eigenen Entwicklung. 2. Man nahm an, dass sie sich trotzdem im ungefähren Verhältnis der Quote entwickeln würden. 3. Auf der anderen Seite ergriff man gewisse Massnahmen, die unter dem Gesichtspunkt der Rationalisierung die Zusammenlegung wissenschaftlicher, fabrikatorischer und verkaufsmässiger Funk-

Dr. J. Brodbeck-Sandreuter (1882–1944), war langjähriger Ciba-Direktor und ab 1928 Präsident des Ciba-Verwaltungsrates.

tionen vorsahen, aber auch wieder die quotenmässige Entwicklung sichern sollten, was einen zusätzlichen Widerspruch darstellte. Diese unvereinbaren Gesichtspunkte haben im Ergebnis zur auseinander führenden Ertragsentwicklung und zu ernstlichen Differenzen in der Auffassung über die Natur der Interessengemeinschaft geführt.

Verhandlungen und Verträge mit der internationalen chemischen Industrie

Die Auseinandersetzung mit der internationalen Konkurrenz zählte zu den Hauptaufgaben der Basler Interessengemeinschaft. Die Verständigung auf dem internationalen Farbstoffmarkt, die in den weltumspannenden Kartellverträgen ihren Ausdruck fand, ist für die schweizerische Farbstoffindustrie dank dem zähen Ringen der drei Basler IG-Firmen zustande gekommen, und zwar ohne eine Strukturveränderung der Basler Chemie, wie sie von der deutschen IG immer wieder gefordert worden ist.

Die Gefahr, die nach dem Ersten Weltkrieg auftauchte, bestand darin, dass die ausländischen, monopolistisch strukturierten, zum Teil durch den Staat unterstützten Konzerne in den wissenschaftlich, technisch und kaufmännisch hoch entwickelten schweizerischen Firmen unangenehme Gegner erblickten, denen nur durch die Erschwerung oder den Entzug des Rohstoff- oder Zwischenproduktenachschubes beizukommen gewesen wäre.

Gegenüber den ausländischen Machtgruppierungen befand sich die Basler IG in der Lage eines wissenschaftlich und technisch leistungsfähigen, relativ wendigen, aber kleinen Aussenseiters. Ihr fehlten vor allem die Ertragsquellen eines grossen nationalen Absatzmarktes. Die ausländischen chemischen Industrien wären in der Lage gewesen, aufgrund ihrer breiten Produktionsbasis für gewisse Produkte einen rücksichtslosen Preiskampf zu führen, dem die Basler IG auf die Dauer nur unter grössten Schwierigkeiten standgehalten hätte. Jedenfalls wäre es nicht möglich gewesen – insbesondere während der zweiten Weltwirtschaftskrise –, auf dem Farbstoffgebiet einigermassen stabile Einnahmen zu erzielen, gerade jene Einnahmen also, mit denen in den Dreissigerjahren die ausserhalb des Farbstoffgebietes in Angriff genommenen neuen Arbeiten finanziert worden sind.

Im Vordergrund standen die Verhandlungen mit der deutschen chemischen Industrie. Das Verhandlungsziel der Deutschen bestand offensichtlich darin, die Basler Gruppe von sich abhängig zu machen. Schon beim Beginn der Verhandlungen war eines der ersten Postulate, das die Deutschen vorbrachten, Basel solle sich verpflichten, die Anlagen des Werkes Grenzach nicht weiter auszubauen. Auch von anderen ausländischen Gruppen wurde immer wieder der Versuch unternommen, als Voraussetzung von Vertragsabschlüssen eine Beteiligung an den Schweizer Fabriken im betreffenden Lande oder gar deren organisatorische Eingliederung in die fremde Gruppe zu erlangen. Auf diese Weise suchte man die Bewegungsfreiheit der Schweizer einzuengen.

Mit den Deutschen wurde zunächst über den Abschluss einer Interessengemeinschaft verhandelt. Dabei verlangten sie eine kapitalmässige Verflechtung mit den Basler Stammhäusern. Im Laufe der Besprechungen lautete zuweilen das deutsche Postulat rundweg: Fusion der drei Basler Firmen unter Einbezug der damals der deutschen IG gehörenden Durand & Huguenin AG und Übergabe der Majoritätsbeteiligung an der fusionierten Gesellschaft an die IG Farbenindustrie AG gegen eine wertmässig entsprechende Minoritätsbeteiligung an diesem Unternehmen! Dies hätte die Preisgabe der Unabhängigkeit der Basler chemischen Industrie bedeutet. Das schwer wiegende Problem, vor das sich die Basler in der Folge gestellt sahen, bestand einerseits darin, ihre Selbständigkeit nach aussen und ihre Struktur als Interessengemeinschaft zu wahren und andererseits es nicht auf einen Kampf bis aufs Messer ankommen zu lassen.

Im Verlauf der internationalen Verhandlungen stellte sich allmählich die Einsicht ein, die Forderung nach einer konzernmässigen oder effektenkapitalistischen Zusammenfassung fallen zu lassen und zum Gegenstand der Verständigung eine Kartellisierung des Weltmarktes für Farbstoffe zu machen.

Am 29. und 30. März 1929 wurden in Paris zwischen den Vertretungen der deutschen IG, der französischen Gruppe und der Basler IG Verhandlungen geführt, die ebenfalls am 27. April im so genannten Dreierkartell zum erfolgreichen Abschluss führten. Dieses Vertragswerk umfasste vier Verträge: einen zwischen allen drei Gruppen (Dreierkartell), je einen zwischen Deutschland und Frankreich, der Schweiz und Deutschland und Frankreich und der Schweiz (Zweierkartell).

1931 konnte nach harten Preiskämpfen zwischen dem Dreierkartell und den englischen Imperial Chemical Industries Ltd. (ICI) ein provisorisches Abkommen getroffen werden, das am 26. Februar 1932 zum so genannten Viererkartell führte.

Um eine einheitliche Kartellpolitik der Schweizer Gruppe sicherzustellen, schlossen am 10. Dezember 1929 die drei Firmen der Basler IG einen speziellen Vertrag, der einer gemeinsamen schweizerischen Kartellkommission die nötigen Kompetenzen sicherte. Die Gültigkeit des Vertrages war an die Dauer der Kartellvereinbarungen, nicht an die Dauer des IG-Vertrages gebunden. Mit der Einsetzung der Kartellkommission wurde in einer sehr losen Form der Bestimmung des Kartellvertrages entsprochen, die Verkaufsorganisationen einer einheitlichen Leitung zu unterstellen.

Mit dem Zweiten Weltkrieg sind die Kartellvereinbarungen dahingefallen; sie sind nicht mehr erneuert worden.

Neuorientierung der Firma Geigy

Die entscheidende Neuorientierung von Geigy fällt in die Zeit der zweiten Weltwirtschaftskrise, nachdem in den Zwanzigerjahren bereits gewisse Vorbereitungen getroffen worden waren. Sie bedeutete für das Unternehmen die eigentliche Wende zu einer systematischen Forschung, den Auftakt zur planvollen Erweiterung der bisher weit gehend nur auf dem Farbstoffgebiet betriebenen Forschung und Produktion. Die Krise hatte erneut deutlich gezeigt, dass die Farbstoffproduktion mit der textilen Ausbringung eng korreliert ist, dass also die Herstellung neuer Produkte anderer Gebiete dringend nötig war. Es hatte sich zudem erwiesen, dass die Auswirkungen der Basler Interessengemeinschaft und der internationalen Kartellvereinbarungen ebenfalls einen Produktionsausbau erforderten. Innerhalb der Interessengemeinschaft wurde deutlich, dass Geigy auf die Dauer die zugestandene Quote nur durch Erweiterung der Produktionsbasis zu halten imstande war.

Die Aufnahme der Forschungsarbeiten auf dem Nichtfarbstoffgebiet – es handelte sich vorerst vor allem um Textilveredlungsprodukte – beruhte auf einem Entscheid, der innerhalb der Firma, zumindest was die Textilveredlungsprodukte und später die Pharmazeutika betraf, hart durchgefochten werden musste. Nicht alle Aktionärsgruppen, die zugleich im Verwaltungsrat repräsentiert waren, hatten dieselben Vorstellungen über das zukünftige Tätigkeitsfeld der Firma. Vor allem zweifelte die eine Gruppe an einem zukünftigen Erfolg der in Entwicklung befindlichen Textilveredlungsprodukte und erachtete später die Aufnahme der Pharmazeutikaproduktion auch infolge der Komplikationsmög-

lichkeiten mit Ciba und Sandoz im Zusammenhang mit dem IG-Vertrag im damaligen Zeitpunkt als nicht opportun. Dieser Standpunkt stiess auf der Seite der Repräsentanten der Familie Koechlin und ihrer Mitarbeiter sowie bei dem Sohn Geigy-Schlumbergers, Dr. Rudolf Geigy, auf Ablehnung. Diese Aktionärsgruppe hatte von jeher dem Vorstoss ins Neuland, dem Ergreifen jeder sich bietenden und möglichen Erfolgschance das Wort geredet und hatte die Erweiterung der Produktion als unbedingte Notwendigkeit betrachtet. Der endgültige Entscheid, der die personellen Voraussetzungen für die Neuorientierung in ihrem Sinne konsolidierte, wurde vom Verwaltungsrat Ende der Dreissigerjahre getroffen.

Im September 1931 wurde das erste von Geigy synthetisierte Mottenschutzmittel der biologischen Prüfung unterzogen. In intensiven Forschungsarbeiten, die Mitinforschung stellt den Beginn der systematischen Forschung auf dem Nichtfarbstoffgebiet dar, wurden in den folgenden Jahren Hunderte von Verbindungen dargestellt und geprüft und 27 Patente genommen. Erst im März 1938 gelang der grosse Wurf, der zum Mitin FF führte. Das Mitin stellte den ersten Markenartikel der Firma dar und war das erste Produkt, das an die «Plakatwand» gelangte.

Ausser den wissenschaftlichen, chemischen Erfahrungen auf dem Wollfarbstoffgebiet war für die Entwicklung des Mitins auch die biologische und die chemisch-analytische Prüfungstechnik eine fundamentale Voraussetzung. Die Firma wies hier neue Wege.

Die Geigy-Werke in Schweizerhalle

Es lag dabei auf der Hand, dass die Forschung über Insektizide auch in anderer Richtung aufgenommen wurde und sich in der Folge auf den Pflanzenschutz ganz allgemein ausdehnte, was zur Entdeckung der spezifischen Wirksamkeit des Dichlordiphenyltrichloräthans (DDT) führte. Dem Entdecker, Dr. Paul Müller, wurde dafür der Nobelpreis zuerkannt.

Die erste Darstellung von Dichlordiphenyltrichloräthan erfolgte am 25. September 1939.

Im Zusammenhang mit den ersten Versuchen über Insektizide und mit der Tätigkeit auf dem Gebiet der Textilveredlungsprodukte, speziell der Weichmacher, wurden auch die ersten Versuche über bakterizide Mittel unternommen und damit der Weg zur Aufnahme der pharmazeutischen Forschung und Produktion gewiesen. Der Beschluss des Verwaltungsrates zur Aufnahme der pharmazeutischen Forschung fällt ins Jahr 1933, derjenige zum Aufbau einer pharmazeutischen Abteilung ins Jahr 1938.

Der entscheidende Schritt erfolgte durch die Zusammenarbeit mit dem bei Roche 1929 ausgetretenen Robert Boehringer.

Dieser wirkte bei J. R. Geigy AG wesentlich am erfolgreichen Aufbau der Pharmasparte mit und zog schliesslich den mit ihm bei Barell in Ungnade gefallenen Chemiker Dr. Hans Stenzl ebenfalls dorthin. Dieser kam 1925 auf Empfehlung Robert Boehringers von Boehringer Ingelheim zu Roche. Nach anfänglichen Arbeiten über Vanillin wurde er auf dem für Roche wichtigen Gebiet der Schlaf-, Schmerz- und Beruhigungs-

mittel eingesetzt, um hier eine der damals dringend nötigen Neuentwicklungen zu leisten. Barell wünschte ein wirksames, gut verträgliches und billiges Mittel gegen die verschiedensten Schmerzen, und Stenzl lieferte ihm schon bald ein Kombinationspräparat, das Phenacetin, Koffein, Sedormid und das neu gefundene schmerzstillende Isopropylantipyrin enthielt. Doch schon bevor es unter dem Namen Saridon eingeführt war und zu einem grossen, noch heute in veränderter Zusammensetzung nachwirkenden Erfolg wurde, entliess Barell 1932 Stenzl, weil er als «Boehringer-Mann» galt. Nach einem glücklich durchgefochtenen und als persönlichen Sieg über Barell empfundenen Kampf um seine Erfindungsrechte wurde er dank Robert Boehringer 1939 von Geigy übernommen. Er leitete dort jene Forschung ein, die mit der Suche nach einem weiteren Schmerzmittel begann und schliesslich zum grossen Erfolg der Antirheumatika Irgapyrin, Butazolidin, Voltaren führte. Ebenso bahnte sich eine Zusammenarbeit mit der Firma C. H. Boehringer, Ingelheim, an. Dabei baute J. R. Geigy das Geschäft von Boehringer in den USA auf, während die Boehringer-Tochter Thomae die Geigy-Pharmazeutika in Deutschland vertrieb.

Roche wird weltgrösste Pharmafirma

In der ersten Hälfte der Präsidialzeit Adolf Janns erlebte Roche dank der Benzodiazepine einen raschen
Aufstieg an die Spitze sämtlicher Pharmafirmen der
Welt und zugleich eine stürmische Diversifikation in
die verschiedensten Richtungen. Die zweite Hälfte
aber brachte grosse äussere und innere Schwierigkeiten und einen seit den Dreissigerjahren nie mehr
erlebten Erfolgsrückgang. Etwa in die Mitte fiel das
noch ungetrübte Jubiläum des 75-jährigen Bestehens
der Firma von 1971.

Der Aufschwung der Fünfzigerjahre verstärkte sich
seit 1960 und noch mehr nach 1965. Der Gesamtum-
satz stieg von 1965 bis 1977 von gut zwei auf über
fünfeinhalb Milliarden Franken, und gleichzeitig nahmen die Mitarbeiter von 18000 auf 40000 zu. Am
meisten trugen die pharmazeutischen Spezialitäten
und besonders die Benzodiazepine zu dieser Entwicklung bei, doch auch die Vitamine kamen voran. Für
nahezu alle Produkte bestand eine starke Nachfrage.
Die Fabrikationskapazitäten reichten trotz ständigen
Weiterausbaus kaum aus. 1967 wurde Roche umsatz-
mässig die weltgrösste Pharmafirma und vermochte
diese Position rund zehn Jahre zu halten. Zudem blieb
das Unternehmen auch weiterhin der grösste Herstel-
ler der Vitamine A, B, C und E. Selbst die Fusion der
beiden grossen Basler Kollegialfirmen Ciba und Geigy
im Jahre 1970 beeinträchtigte diese führende Stellung
unter den Pharmafirmen vorerst nicht, wie man damals intern mit Genugtuung vermerkte.

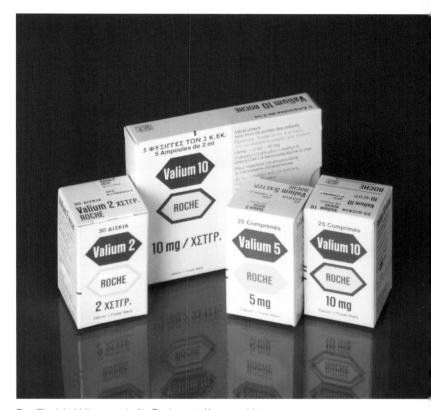

Das Produkt Valium wurde für Roche zum Kassenschlager.

Jann als neuer Präsident trieb mit Hilfe einer rasch
verjüngten Geschäftsleitung die Diversifikation in
neue Arbeitsgebiete mit geradezu ungestümem
Nachdruck voran. Angesichts der stark steigenden
Gewinne schien alles möglich zu werden, woran man
nur denken konnte. In den schon bisher bearbeiteten
Bereichen der pharmazeutischen Spezialitäten, der
Biochemica, der Vitamine, der Kosmetik sowie der
Riechstoffe und Aromen weitete man die Forschung
stark aus. Zudem stiess man auch noch in ganz andere
Gebiete der gesamten Gesundheitspflege vor.

Entscheidende Weichenstellungen

Wenn wir die heutige Situation der Basler Chemie betrachten, so wird sehr deutlich, dass die entscheidenden Weichenstellungen vor etwa hundert Jahren stattfanden.

Die heutige Grosschemie verdankt ihre bedeutende Stellung im Weltmarkt unter anderem der frühzeitig eingeleiteten Verwissenschaftlichung und einer sehr liberalen und unternehmungsfreundlichen Haltung von Behörden und Bevölkerung. Man würde das heute «günstige Rahmenbedingungen» nennen. Hätte man schon damals an Begriffe wie «Fokussierung auf Kernkompetenzen und Shareholder Value» geglaubt, so wären kaum aus Seidenfärbereien Farbstofffabriken und daraus Pharmafirmen geworden.

Allerdings haben sich die internationalen Rahmenbedingungen im letzten Drittel des 20. Jahrhunderts drastisch geändert. Die Notwendigkeit, in einzelnen Fachgebieten zur Weltspitze zu gehören und sich dort zu behaupten, verlangte nach neuen Strategien. Entweder gelangte man dank massiv verstärkten Forschungs- und Entwicklungsanstrengungen, verbunden mit einem starken Ausbau der Verkaufsorganisation, zu diesem Ziel oder man suchte die Lösung in einer extremen Spezialisierung. Der Zwang zur Grösse wurde für viele Unternehmungen der chemisch-pharmazeutischen Industrie zur Überlebensfrage.

Es ist typisch, dass die notwendigen Veränderungen in

Dr. jur. h. c. Carl Koechlin (1889-1969)
Präsident und Delegierter des Verwaltungsrates von J. R. Geigy AG

der Basler chemisch-pharmazeutischen Industrie nicht von altgedienten Managern aus den betreffenden Firmen in die Wege geleitet wurden.

Als Erster hatte wohl Dr. Louis von Planta, der von aussen kommende neue Präsident des Verwaltungsrates von J. R. Geigy AG, die Zeichen der Zeit erkannt. Dr. von Planta hatte als Wirtschaftsanwalt bereits bei der Fusion der Maschinenfabrik Oerlikon mit der Brown Boveri AG als auch bei der Integration der Schappe-Unternehmungen massgebend mitgewirkt. Er konnte Dr. Robert Käppeli, den Präsidenten der Ciba Aktiengesellschaft, von den Vorteilen einer Fusion zwischen Ciba und Geigy überzeugen. Als Dr. von Planta seinen Vorgänger bei Geigy, Dr. h. c. Carl Koechlin, über seine Pläne ins Bild setzte, reagierte dieser wie folgt: «Dr. von Planta, denken Sie bitte auch an Sandoz.» Wenn auch die Fusion viel später stattfand, als nämlich dieser sein Amt als Präsident des Verwaltungsrates von Ciba-Geigy bereits an Dr. Alex Krauer abgegeben hatte, darf doch Dr. von Planta als Wegbereiter der Fusion zu Novartis betrachtet werden. Der eigentliche Anstoss zur Fusion erfolgte aber durch Marc Moret, den Präsidenten der Sandoz, der dadurch seine eigene Nachfolge regeln konnte. Der Nachfolger von Dr. Krauer als Präsident von Novartis, Dr. med. Daniel Vasella, hat anschliessend mit Konsequenz Novartis zur reinen Pharmafirma umfunktioniert.

Die Farbenabteilungen fanden ihre eigenen Entwicklungen als selbständige Unternehmen Ciba und Clariant, wobei letztere mit dem Farbengeschäft von Hoechst fusionierte.

Auch bei Roche war es ein neuer Mann, der von der Zürich Versicherung kam, Fürsprech Fritz Gerber, der Roche reorganisierte, vom Ballast befreite und konsequent das Pharmageschäft sowie die Diagnostika forcierte. Durch Beteiligungen an Biotechnologie-unternehmungen sowie durch Forschungsverträge wurde die Produktepalette verbessert. Als Beispiel sei Genentech genannt. Auch bei Roche wurden später einzelne Abteilungen ausgegliedert und entweder an die Börse gebracht, wie etwa Givaudan und Actelion, oder an Dritte verkauft wie die Vitaminsparte.

Bei Schweizerhall wurde der Autor dieses Berichtes 1973 in den Verwaltungsrat gewählt, als er noch Mitglied der Konzernleitung von Ciba-Geigy war. Ab 1984 amtete er als Präsident des Verwaltungsrates. Nach zwanzigjähriger Tätigkeit in der Konzernleitung der Ciba-Geigy AG widmete er sich ab 1991 ganz dieser Aufgabe.

Dr. Louis von Planta – der Wegbereiter der grossen Fusion von Geigy, Ciba und Sandoz zu Novartis.

Die Zukunft von Schweizerhall: Dualstrategie mit Chemiehandel und Finanzbeteiligungen

Die Chemische Fabrik Schweizerhall hatte ihre Entwicklung als eine aus dem Salz und deren Derivaten herkommende verstanden. Da die wissenschaftliche Dimension dort keinen Einzug gehalten hatte und stattdessen eine breite Palette unter anderem von chemischen Grundstoffen aus eigener Produktion oder Fremdproduktion angeboten wurde, war der Weg zu einer mehr und mehr auf Handel und Distribution ausgerichteten Tätigkeit vorprogrammiert. Die vor und nach dem Zweiten Weltkrieg erfolgte Expansion erfolgte denn auch weit gehend in Handels- und Dienstleistungsaktivitäten inner- und ausserhalb des Chemiebereichs. Das Absatzgebiet war von wenigen Ausnahmen abgesehen der schweizerische Markt.

Diese Politik erlaubte es der Chemischen Fabrik Schweizerhall, eine starke Position als bedeutendster produzentenunabhängiger Verteiler von Chemikalien in der Schweiz zu erringen. Allerdings hatte die Chemische Fabrik Schweizerhall nach dem Zweiten Weltkrieg auch im Chemie- und Pharmasektor nach weiteren Tätigkeitsfeldern Ausschau gehalten. So hatte sie einen Versuch gemacht, in die pharmazeutische Produktion einzusteigen. Die im Jahre 1941 errichtete pharmazeutische Fabrikationsabteilung spezialisierte sich anfänglich auf Heilmittel gegen Erkältungskrankheiten und Antiallergika gegen Asthma und Heuschnupfen. Als Mittel gegen Föhnbeschwerden wurde «Sano-Föhn» auf den Markt gebracht. Beinahe in jedem Arztköfferchen waren «Nitrangin» und «Nitrangin-Express», zwei Präparate gegen Angina Pectoris, zu finden. Das Antituberkulostatikum «Inha-Pas» stellte in der Bekämpfung der Tuberkulose einen wesentlichen Fortschritt dar; es war auch das erste grössere Exportprodukt der Pharmaabteilung. Auf diesem Erfolg basierte nicht nur die Errichtung einer speziellen Exportabteilung und die Erstellung eines neuen Pharmagebäudes, sondern auch die Einrichtung voll ausgerüsteter Forschungslaboratorien.

Parallel zu den pharmazeutischen Spezialitäten wurden daraufhin auch medizinisch-chemische Reagenzien zur Diagnose innerer Krankheiten entwickelt: Das Diagnostikageschäft wurde später an die Firma F. Hoffmann-La Roche verkauft. Roche blieb mit der Diagnostikasparte einige Jahre als Mieter im ursprünglich von Schweizerhall aufgebauten Laboratoriumsgebäude in Schweizerhalle. Die Diagnostikasparte von Roche war seit 1968 bis 1978 sehr rasch gewachsen. Sie hatte einen Umsatz von 147 Millionen Franken erreicht, doch vermochte der Erfolg die Kosten noch nicht zu decken. Auch hier galt es, mit der weltweit sehr raschen Entwicklung dieses erst in den Fünfzigerjahren neu entstandenen Fachgebietes und seiner schnelllebigen Produkte Schritt zu halten. Die Forschung und Entwicklung für diese Tests und die Produktion der Reagenzien waren einerseits in Basel bei Roche sowie in Schweizerhalle bei der Chemischen Fabrik Schweizerhall und andererseits bei Roche Diagnostic Systems in Montclair (New Jersey) unmittelbar bei Nutley angesiedelt.

Schweizerhall konzentrierte sich anschliessend im Pharmabereich auf das Geschäft mit Pharmaaktivsubstanzen und -Zwischenprodukten. Allerdings handelte

Das Schweizerhall Verwaltungs-, Betriebs- und Lagergebäude an der Elsässerstrasse in Basel

es sich vorwiegend um ein Handelsgeschäft mit indischen und chinesischen Produkten. Diese Aktivität war die erste internationale Handelstätigkeit und wurde später durch verschiedene Akquisitionen ähnlicher Firmen in Deutschland, Frankreich, Holland und den USA ergänzt. Im Jahre 2000 wurde diese Aktivität teils gegen Cash und teils gegen Aktien in die US-Firma Aceto Corporation, die an der Nasdaq-Börse in den USA kotiert ist, eingebracht. Schweizerhall besitzt an Aceto eine Beteiligung von rund 9%.

Ebenfalls in den USA baute Schweizerhall in Greenville/(South-Carolina) eine kleine Entwicklungs- und Fabrikationsanlage für Pharmazwischenprodukte und Aktivsubstanzen. Diese wurde im Jahr 2002 in die Firma Irix Pharmaceuticals gegen Cash und eine Beteiligung von 12,5% eingebracht. Irix ist im Contract Research und Development von Pharmaprodukten tätig und wurde von früheren Roche-Mitarbeitern in Florence, S.C., aufgebaut.

Boucheron: Der erste Juwelier am Place Vendôme in Paris (rechts)

Boucheron Parfum, Luxusuhren und Juwelen brachten Schweizerhall den «Duft der grossen weiten Welt» …

Von einer Parfum- und Haarlack-Abfüllanlage zum Luxusgüterunternehmen

Die im Jahre 1953 gegründete Tochtergesellschaft Aerosol Service AG in Möhlin stellte für Dritte im Lohn Parfums und Haarlacke her. Durch das Verbot von Fluorchlorkohlenwasserstoff-Treibgasen wurde plötzlich die Existenz von zwei Dritteln der Kapazität in Frage gestellt. Es lag auf der Hand, das verbleibende Parfumgeschäft auszubauen. Dies war aber nur möglich mit dem Aufbau einer eigenen Marke. Glücklicherweise konnte mit einem der exklusivsten Juweliere, «Boucheron, Place Vendôme, Paris,» ein dreissigjähriger Lizenzvertrag abgeschlossen werden. Dank einem hervorragenden Management war es möglich, unter der Marke Boucheron ein weltweites Parfumge-schäft aufzuziehen. Der überragende Erfolg mit einem Umsatz von weit über 100 Millionen Franken bewog Schweizerhall dazu, das Juweliergeschäft zu kaufen, um die Marke selber kontrollieren zu können. Damit war Schweizerhall aber auch im Sektor der Luxusgüter, das heisst im Luxusuhren- und Juweliergeschäft, tätig geworden.

Der weitere Ausbau dieses Luxusgütergeschäftes hätte allerdings massive Investitionen in eigene Luxusläden, verbunden mit dem entsprechenden Werbeaufwand, bedingt. Auch diese Branche befand sich im Zustand einer internationalen Konsolidierung. Wir entschieden uns deshalb, diesen Bereich zu verkaufen. Der Erlös brachte uns rund 500 Millionen Franken ein.

Der Weg zur Beteiligungsgesellschaft

Die Chemische Fabrik Schweizerhall hatte sich bereits anno 1987 in eine Holdinggesellschaft verwandelt. Diese besass nun als 100%ige Tochter die Schweizerhall Chemie AG (die frühere Chemische Fabrik Schweizerhall) sowie Minderheitsbeteiligungen von 12,5% an der Säurefabrik Schweizerhall, welche inzwischen an Syngenta und Clariant verkauft worden war, sowie 12,5% an Irix und 9% an Aceto. Ausserdem besass sie ein sehr grosses Cash-Polster, das unter anderem aus steuerlichen Gründen weit gehend in Beteiligungen investiert werden musste oder via Kapitalrückzahlungen, Dividenden etc. an die Aktionäre floss. Als Konsequenz davon wurde das Aktienkapital um rund einen Viertel reduziert und sämtliche Finanzschulden wurden zurückbezahlt. Darüber hinaus wurde beschlossen, rund 100 Millionen Franken in Minderheitsbeteilungen im Life-Science-Sektor zu investieren und weitere 100 Millionen Franken als strategische Reserve zu halten. Bis zum Ende des Jahres 2002 konnten bereits 140 Millionen Franken investiert werden, sodass auch die strategische Reserve teilweise in Minderheitsbeteiligungen floss.

Warum investiert Schweizerhall im Life-Science-Sektor?

Es gibt kaum einen Wirtschaftsbereich wie den Life-Science-Bereich mit einer so optimalen Koppelung zwischen «Market Pull» und «Technological Push»; in anderen Worten: zwischen Marktbedürfnissen und der Entstehung von neuem Wissen zur Befriedigung dieser Marktbedürfnisse.

Was sind die Ursachen dieser Marktbedürfnisse?

Trotz den riesigen Fortschritten der herkömmlichen Medizin gibt es für eine Vielzahl von Krankheiten keine befriedigende Therapie, und in gewissen Fällen überhaupt keine Therapie. HIV ist das auffallendste Beispiel, nicht zu vergessen sind aber Krebs, Arteriosklerose, Alzheimer, und die Aufzählung ist bei weitem nicht vollständig. Es besteht zudem ein grosser Bedarf, nicht nur die Symptome, sondern die Ursachen von Krankheiten zu bekämpfen. Das Ziel ist, Krankheiten an der Wurzel zu packen, das heisst nicht nur zu therapieren, sondern zu heilen. Mit steigender Lebenserwartung der Bevölkerung wachsen die Bedürfnisse, die im Gegensatz zu vielen anderen echte Bedürfnisse darstellen, deren Erfüllung für die Erhöhung der Lebenserwartung und für die Verbesserung der Lebensqualität des Menschen unentbehrlich ist. Dies erklärt auch, weshalb der Life-Science-Sektor viel weniger als andere Industriezweige von Konjunkturzyklen abhängig ist.

Welche neuen Erkenntnisse in Wissenschaft und Technik, die für Fortschritte in der Medizin so entscheidend sein werden, sind zu erwarten? Woher dieser «Technological Push»? Dieser findet seine Wurzel in fundamental neuen wissenschaftlichen Errungenschaften in der Genetik, was ohne zu übertreiben als genetische Revolution bezeichnet werden kann. Besonders erwähnenswert sind folgende drei Technologieplattformen, die die Chancen für die Entdeckung und die Entwicklung neuer Medikamente mit kausaler therapeutischer Wirkung wesentlich erhöhen werden.

1. Die funktionelle Genomik

Nachdem das menschliche Genom praktisch vollständig entschlüsselt worden ist, geht es darum, die Funktion der Gene im Körper zu klären; wir haben die Wörter des genetischen Kodes, aber nicht ihre Bedeutung. Im Vordergrund steht dabei das Verständnis der Zusammenhänge zwischen gewissen Genen und der Entstehung einer Krankheit bzw. der Empfänglichkeit eines Menschen für eine spezifische Krankheit. Solche Erkenntnisse werden es ermöglichen, Krankheit verursachende Gene auszuschalten und Gene, die für den Gesundheitszustand wesentlich sind, aber nicht mehr richtig funktionieren, zu reparieren oder zu ersetzen.

2. Die funktionelle Proteomik

Die zweite Technologieplattform heisst funktionelle Proteomik. Dieses Forschungsgebiet befasst sich mit der Dynamik der Umsetzung von genetischen Informationen auf der Ebene der Proteine. Das sind Genprodukte, zugleich Rohstoff und Werkzeug der Zelle, und die meisten Krankheiten haben ihren Ursprung auf der Ebene der Proteine. Die Bestimmung ihrer Menge in einer Zelle wird Hinweise auf das Krankheitsstadium oder die Wirkung eines Medikamentes im Körper geben.

3. Die Pharmakogenomik

Dank der dritten Technologieplattform, der Pharmakogenomik, wird es möglich sein, den Einfluss genetischer Konstellationen von Menschen auf die Wirkung eines Medikamentes bei verschiedenen Patienten zu untersuchen. Während nämlich ein Medikament bei einem Patienten die erwartete Wirkung zeigt, kann es bei einem anderen Patienten wirkungslos sein und bei einem dritten unerwünschte Nebenwirkungen hervorrufen. Der Pharmakogenomik liegt die Tatsache zugrunde, dass die unterschiedlichen Patientenreaktionen auf Medikamente im Wesentlichen durch genetische Variationen bedingt sind. Mit der Identifizierung der für Wirkung und Nebenwirkung verantwortlichen Gene kann jeder Patient vor Therapiebeginn getestet werden. Damit wird sichergestellt, dass stets das richtige Medikament für den richtigen Patienten gewählt wird; das anzustrebende Ziel ist eine für den einzelnen Patienten massgeschneiderte Medizin. Sollten sich diese Erwartungen bestätigen, so wird sich der Medikamentenumsatz in der Zukunft in kleinere Patientenpopulationen fragmentieren. Die garantierte Wirksamkeit dürfte höhere Preise rechtfertigen. Zudem könnten Medikamente, deren Einsatz aufgrund einer ungenügenden Wirkung oder gravierender Nebenwirkungen bei einer Minderheit von Patienten stark eingeschränkt ist, gezielt und problemlos bei einer anderen Minderheit eingesetzt werden.

Aufgrund ihres enormen Potenzials für die Entdeckung und die Entwicklung neuer wirksamer Medikamente ist es für die grossen pharmazeutischen Unternehmen absolut entscheidend, sich Zugang zu diesen neuen Technologieplattformen zu verschaffen und sie in die firmeninternen F&E-Kapazitäten und -Strategien zu integrieren. Dies ist umso wichtiger, als die pharmazeutische Industrie unter sehr grossem Druck steht, genügend neue Produkte auf den Markt zu bringen, um die Erwartungen von Investoren zu erfüllen. Denn in den letzten Jahren sind die Investitionen im Bereich F & E stärker gestiegen als die Umsätze der Medikamentenverkäufe. Angesichts dieses zunehmenden Ungleichgewichts zwischen rasch wachsenden F & E-Kosten und nur langsam steigenden Einnahmen sowie zwischen verfallenden und neuen Patenten muss die pharmazeutische Industrie neue Wege finden, um dieses Innovationsdefizit zu decken. Nur eine Dynamisierung des kostspieligen Innovationsprozesses kann zu einer entscheidenden Erhöhung der Produktivität führen, das heisst insbesondere die Chancen, die sich mit der genetischen Revolution eröffnet haben, optimal auszunützen.

Aus folgenden zwei Gründen spielen in dieser Perspektive junge Biotechunternehmungen eine entscheidende Rolle:

1. Bedingt durch die Pluridisziplinarität heutiger F & E-Tätigkeit und das Tempo, mit welchem neues Wissen entsteht, ist es auch für grosse Pharmafirmen mit riesigen F & E-Budgets nicht mehr möglich, in allen für sie relevanten Disziplinen zeitgerecht zu sein – und Zeit stellt einen entscheidenden Faktor dar. Grosskonzerne sind deshalb vermehrt auf kleinere Jungunternehmungen, die spezifische innovative Technologieplattformen entwickeln, angewiesen und werden mit diesen Kleinunternehmungen strategische Partnerschaften eingehen, was heute als «Insourcing» bezeichnet wird. Jede pharmazeutische Grossunternehmung verfügt über Dutzende solcher strategischer Partnerschaften.

2. Ein weiterer Beweggrund für das «Insourcing» von Technologieplattformen hängt mit der vertikalen Organisationsstruktur der grossen Pharmakonzerne zusammen. Fusionen und Akquisitionen führen zu schwerfälligen Kolossen. Zu deren Führung werden diese in eine Vielzahl kleinerer Geschäftseinheiten aufgeteilt. Eine solche vertikale Organisationsstruktur hat sich bewährt, um Bestehendes zu managen. Sie ist aber wenig geeignet, um wirklich Neues aufzunehmen und insbesondere Technologieplattformen, die horizontale Strategien darstellen, zu entwickeln. Unter

Schweizerhall heute: ein moderner Betrieb mit engagierten Mitarbeitern

Avenches: Stützpunkt für die Westschweiz

Flawil: Stützpunkt für die Ostschweiz

solchen Umständen sind Grosskonzerne auf «Hightech-Boutiquen» für das «Insourcing» neuer Technologien angewiesen.

Man muss sich den Wirtschaftszweig Life-Science wie ein Ökosystem mit verschiedenen Kategorien von Akteuren vorstellen. Wir haben auf der einen Seite die ganz grossen Pharmaunternehmungen, deren Anzahl sich in Zukunft noch reduzieren wird, die von F & E bis zur Kommerzialisierung von Produkten voll integriert sind. Auf der anderen Seite befinden sich die meist kleinen Jungunternehmungen als strategische Partner der Grossen, die Dienstleistungen und Technologien anbieten. Diese stellen meistens Start-up-Unternehmen aus Hochschulen dar und haben hoch entwickelte, patentgeschützte Technologieplattformen geschaffen. Mindestens bis zum Börsengang können solche Biotech-Boutiquen nur gedeihen dank der substanziellen finanziellen Unterstützung von Investoren, Business-Angels, Venture-Kapitalisten und institutio-

nellen Investoren, die bereit sind, sich am Aktienkapital dieser privaten Firmen zu beteiligen.

Wir treten ein in ein Zeitalter, das im Zeichen einer gegenseitigen Abhängigkeit steht: Die Grossen brauchen die Kleinen, um mit dem Stand der Technik à jour zu bleiben, und die Kleinen werden nur dank Partnerschaften mit Grossen neue Produkte lancieren können.

Der Life-Science-Sektor bietet also dem Investor die Möglichkeit, in ein sehr breit diversifiziertes Portfolio in Bezug auf den Reifegrad der Portfoliogesellschaften, die geografische Verteilung und zukunftsträchtige Technologien und Medikamente zu investieren.

Selbstverständlich sind Aktienanlagen in private Biotech-Boutiquen risikoreicher als Investitionen in kotierte pharmazeutische Grosskonzerne. Wer früh investiert, trägt zwar ein grosses Risiko, kann aber auch mit höheren Renditen rechnen. Der Anlagepolitik von Schweizerhall entsprechend, ist es empfehlens-

Rezyklierungsbetrieb Schweizerhall in Lohn SO

Synopharm GMP – Reinraum Abpackung für die Pharmaindustrie

wert, zusammen mit spezialisierten Fonds, die von kompetenten «Advisory Boards» begleitet werden, in Gesellschaften mit einem unterschiedlichen Reifegrad zu investieren: börsenkotierte, mit einem jahrelangen Erfolgsausweis und nicht kotierte, private Jungunternehmungen mit einem hohen Wachstumspotenzial. Somit verringern sich die Volatilität und dadurch das Risiko, und dies erlaubt dennoch, am attraktiven Markt der Life-Science als Investor teilzuhaben.

Dualstrategie als Unternehmungsstrategie

Die Schweizerhall-Gruppe besteht heute aus zwei gleichwertigen Pfeilern. Die Schweizerhall Chemie AG mit ihren Standorten in Basel, Avenches VD, Lohn SO als Rezyklierungsbetrieb und Flawil SG funktioniert als das verlässliche Standbein mit einem regelmässigen Ertrag.

Die Minderheitsbeteiligungen in den Sektoren Health-Care, Biotechnologie, und den so genannten Life-Sciences haben den Charakter von mittel- bis längerfristigen Investitionen in interessanten Wachstumsgebieten. Diese Investitionen werden keinen kurzfristigen Ertrag abwerfen, sollen aber die langfristige Wertvermehrung sicherstellen.

Diese Dualstrategie hat den Vorteil, dass die Schweizerhall Gruppe dank der Schweizerhall Chemie dividendenfähig bleibt und die Gruppenkosten absorbieren kann, auch wenn die Beteiligungen vorläufig keinen Ertrag abwerfen.

Für den Investor ist die Schweizerhall-Aktie damit eine dividendenfähige Investitionsmöglichkeit und zusätzlich ein Mittel, um am langfristigen Erfolg im Sektor Health-Care und Biotechnologie zu partizipieren.

Für die Mitarbeiterinnen und Mitarbeiter bietet Schweizerhall ein ideales zukunftsgerichtetes Tätigkeitsfeld.

Literaturverzeichnis

75 Jahre Ciba, Basel 1959.

75 Jahre Sandoz, 1886–1961. Basel 1961.

Basel und sein Salz: B wie Basel 9/97.

Baselbieter Heimatbuch, Band IX, Kapitel über Ernst Karl Ferdinand Petersen: Aus den Anfängen der schweizerischen Farbenindustrie.

Bauer, Hans; Basel – gestern, heute, morgen. 100 Jahre Basler Wirtschaftsgeschichte. Basel 1981.

Bretscher, Peter: Museum Lindwurm, Stein am Rhein Kapitel 5. Museumsführer.

Bührer, Heinrich: Erinnerungen an meine 60-jährige Tätigkeit in der Chemischen Fabrik Schweizerhall 1894–1954.

Bürgin, Alfred; Geschichte des Geigy-Unternehmens von 1758 bis 1939. Ein Beitrag zur Basler Unternehmer- und Wirtschaftsgeschichte. Basel 1958.

Burckhardt-Werthemann, Daniel: Bilder und Stimmen aus dem verschwundenen Basel.

Busset, Thomas, Rosenbusch, Andreas, Simon, Christian (Hg.): Chemie in der Schweiz.

Chemische Fabrik Schweizerhall in Basel (Hg.): Denkschrift zum fünfzigjährigen Bestehen der Aktiengesellschaft Chemische Fabrik Schweizerhall in Basel 1890–1940. Basel 1940.

Ciba (Hg.): Geschichte und Entwicklung der Gesellschaft für Chemische Industrie in Basel, 1864–1926. Basel 1926.

Ciba (Hg.): Aus Anlass ihres 75-jährigen Bestehens als Aktiengesellschaft. Beiträge zur Geschichte der Naturwissenschaften und der Technik in Basel.

Ciba (Hg.): Aus Anlass ihres 75-jährigen Bestehens als Aktiengesellschaft. Herkunft und Gestalt der industriellen Chemie in Basel.

CIBA 1884–1934. Gesellschaft für Chemische Industrie in Basel 1884–1934. Zürich 1934.

Ciba (Hg.): Aus der Entwicklungsgeschichte der Gesellschaft für Chemische Industrie in Basel. Basel 1939

Clavel, René, Dr.: Das Landgut Castelen der Römerstiftung. Augst.

Die Basler Handelsbank 1862–1912: Festschrift zum 50-jährigen Bestehen.

Die Saline Schweizerhalle.

Erni, Paul: Die Basler Heirat. Geschichte der Fusion Ciba-Geigy. Zürich 1979.

Fehr, Hans: 3 mal 25 Jahre. Fragmente aus der Roche-Geschichte. Basel 1971.

Hort, Hans-Peter: 75 Jahre Chemische Fabrik Schweizerhall, Gesamtentwurf.

Hort, Hans-Peter: 100 Jahre Chemische Fabrik Schweizerhall.

Koelner, Paul: Aus der Frühzeit der chemischen Industrie Basels. Basel 1937.

Kron-Leu, Carl: Baselbieter Heimatbuch, Band VII, Kapitel über Stephan Gutzwiller (1802–1875).

L'Eplattenier, François, Prof. Dr.: Referat anlässlich der GV der Schweizerhall Holding vom 26. April 2002

Meier, Eugen Anton: 50 Jahre Säurefabrik Schweizerhall: Eine kleine Jubiläumsschrift mit Beiträgen zur Geschichte des Roten Hauses, der Industriesiedlung Schweizerhalle und des Schwefels. Pratteln 1967.

Müller-Lhotska, Urs A.: Rudolf Albert Koechlin-Hofmann (1859–1927). Ein Basler Bankier für Europa. Verein für wirtschaftshistorische Studien, Meilen. (Hg.)

Peyer, Hans Conrad: Roche. Geschichte eines Unternehmens 1896–1996. Basel 1996.

Riedl-Ehrenberger, Renate: Alfred Kern (1850–1893) und Eduard Sandoz (1853–1928). Schweizer Pioniere der Wirtschaft und Technik. Bd. 44. Zürich 1986.

Sacher, Paul: Musiker und Mäzen 1999.

Schilliger, Helen: Inauguraldissertation über die Geschichte von Salzgewinnung und -verwendung in Basel. Luzern.

Straumann, Tobias: Die Schöpfung im Reagenzglas. Eine Geschichte der Basler Chemie (1850–1920). Basel 1995.

Zollinger, Heinrich: «Farbstoffchemie als Wurzel der Entwicklung der chemischen Industrie in der Schweiz».In: Bergier, Jean François/Höpli, Gottlieb F. (Hg.). Technik woher, Technik wohin? Zürich 1981, S. 105–116

Abbildungsverzeichnis